by James Richard

INTEGRAL

WORKBOOK

January 2020

Copyright © 2020

All rights reserved. No part of this publication may be reproduced, distributed, or transmitted in any form or by any means, including photocopying, recording, or other electronic or mechanical methods, without the prior written permission of the publisher, except in the case of brief quotations embodied in critical reviews and certain other noncommercial uses permitted by copyright law. For permission requests, write to the publisher using address below.

delightfulbook@gmail.com

© 2020

Contents

INTEGRAL 1

Definition: 1

PROPERTIES FOR TAKING INDEFINITE INTEGRAL 1

BASIC THEOREMS IN INTEGRAL CALCULATIONS 4

METHODS FOR TAKING INTEGRALS 5

3. SEPARATING INTO RATIONAL NUMBERS METHOD 9

DEFINITE INTEGRAL...11

PROPERTIES OF DEFINITE INTEGRAL 11

APPLICATION OF DEFINITE INTEGRAL 14

TEST WITH SOLUTIONS 18

Questions 36

Test 1...52

Test 2...57

Test 3...65

Test 4...71

Test 5...77

Test 6...83

Test 7...88

Test 8...93

Test 9...98

Test 10..103

INTEGRAL

Definition:

Calculation of the integral $\int f(x)\,dx = F(x)$ is to find a function who derivative equals to $f(x)$

$$\int f(x)\,dx = F(x) + c \qquad (c \in R)$$

The definite (proper) integral is denoted by $\int_b^q f(x)\,dx$

$k \in R \Rightarrow$

☞ $\int k \cdot f(x)\,dx = k \int f(x)\,dx$

☞ $\int [f(x) \mp g(x)]\,dx = \int f(x)\,dx \mp \int g(x)\,dx$

PROPERTIES FOR TAKING INDEFINITE INTEGRAL

1. $\int a\,dx = a \int dx = a \cdot x + C$

2. $\int a \cdot x^n\,dx = a \int x^n\,dx = \dfrac{a}{n+1} x^{n-1} + C$

3. $\int \dfrac{1}{x}\,dx = \ln|x| + C$

4. $\int e^x \, dx = e^x + C$

5. $\int a^x \, dx = \dfrac{a^x}{\ln a} + C = a^x \log_a e + C$

6. $\int \sin x \, dx = -\cos x + C$

7. $\int \cos x \, dx = \sin x + C$

8. $\int \dfrac{1}{\sin^2 x} \, dx = \int \operatorname{cosec}^2 x \, dx = -\cot x + C$

9. $\int \dfrac{1}{\cos^2 x} \, dx = \int \sec^2 x \, dx = \tan x + C$

10. $\int \dfrac{1}{1 + x^2} \, dx = \arctan x + C$

11. $\int \dfrac{1}{\sqrt{1 - x^2}} \, dx = \arcsin x + C$

12. $\int \dfrac{1}{\sqrt{1 + x^2}} \, dx = \ln \left(x + \sqrt{1 + x^2}\right) + C$

Example:

$$\int \left(x^2 - 3\sqrt{x} + \cos x + \frac{5}{x+1} \right) dx$$

$$= \int x^2 \, dx - 3 \int \sqrt{x} \, dx + \int \cos x \, dx + 5 \int \frac{dx}{x+1}$$

$$= \frac{x^3}{3} - 3 \int x^{1/2} \, dx + \sin x + 5 \ln|x+1|$$

$$= \frac{x^3}{3} - 2x^{3/2} + \sin x + 5 \ln|x+1| + C$$

Example:

$$\int \left(x^3 + \frac{1}{1+x^2} - \frac{1}{x+2} + \sin x \right) dx$$

$$= \int x^3 \, dx + \int \frac{dx}{1+x^2} - \int \frac{dx}{x+2} + \int \sin x \, dx$$

$$= \frac{x^4}{4} + \arctan x - \ln(x+2) - \cos x + C$$

BASIC THEOREMS IN INTEGRAL CALCULATIONS

1. $\displaystyle\int_a^b f(x)\, dx = F(x)\Big|_a^b = F(b) - F(a)$

2. $\displaystyle F(x) = \int_a^x f(t)\, dt, \quad x \in [a,b] \quad F'(x) = f(x)$

3. $\displaystyle F(x) = \int_a^{u(x)} f(t)\, dt \Rightarrow F'(x) = u'(x) \cdot f(u(x))$

4. $\displaystyle F(x) = \int_{v(x)}^{u(x)} f(t)\, dt \Rightarrow F'(x) = u'(x) \cdot f(u(x)) - v'(x) f.(v(x))$

Example:

$$F(x) = \int_2^{3x} \cos(t^2)\, dt \Rightarrow F'(x) = 3\cos(9x^2)$$

$$F(x) = \int_1^{x^2} \frac{1}{1 + \sqrt{1 - t}}\, dt \Rightarrow F'(x) = \frac{2x}{1 + \sqrt{1 - x^2}}$$

$$F(x) = \int_{\tan x}^{0} \frac{1}{3 + t}\, dt \Rightarrow F'(x) = \frac{-\sec^2 x}{3 + \tan x}$$

METHODS FOR TAKING INTEGRALS

1. CHANGING THE VARITABLE

When $x = u(t)$ conversion is applied in $\int f(x)dx$,

$x = u(t) \Rightarrow dx = u'(t)$ *is obtained*

Calculate

$\int f(x)dx = \int f(u(t)). \ u'(t)dt$ *and then reexpress the answer*

in terms of x

Example:

$$\int (x^2 + 2)^4 . x \, dx = \, ?$$

Solution:

$$u = x^2 + 2 \Rightarrow du = 2x \, dx \Rightarrow x \, dx = \frac{du}{2}$$

$$\int (x^2 + 2)^4 \, x \, dx = \int u^4 \frac{du}{2}$$

$$= \frac{1}{2}\int u^4 \, du = \frac{1}{10}u^5 + C$$

$$= \frac{1}{10}(x^2 + 2)^5 + C$$

Example:

$$\int \frac{x}{x^2 + 4} \, dx = ?$$

Solution:

$$u = x^2 + 4 \Rightarrow du = 2x \, dx \Rightarrow x \, dx = \frac{du}{2}$$

$$\int \frac{x}{x^2 + 4} \, dx = \frac{1}{2} \int \frac{du}{u} = \frac{1}{2} \ln \left(x^2 + 4 \right) + C$$

Example:

$$\int \frac{dx}{9 + x^2} = ?$$

Solution:

$$l = \int \frac{1}{9 + x^2} \, dx = \frac{1}{9} \int \frac{1}{1 + \left(\frac{x}{3} \right)^2} \, dx$$

$$\frac{x}{3} = t \Rightarrow dx = 3 \, dt$$

$$l = \frac{1}{9} \int \frac{3}{1 + t^2} \, dt = \frac{1}{3} \int \frac{1}{1 + t^2} \, dt$$

$$l = \frac{1}{3} \arctan t + C = \frac{1}{3} \arctan \left(\frac{x}{3} \right) + C$$

2. PARTIAL INTEGRATION METHOD

$$d(uv) = udv + vdu$$

$$uv = \int udv + \int vdu$$

$$\int udv = uv - \int vdu$$

Example:

$$F(x) = \int \ln x \, dx \Rightarrow F(x) = \ ?$$

Solution:

$$u = \ln x \Rightarrow du = \frac{dx}{x}$$

$$dv = dx \Rightarrow v = x$$

$$\int udv = uv - \int vdu$$

$$= x \cdot \ln x - \int x \cdot \frac{dx}{x}$$

$$= x \cdot \ln x - x + C$$

$$= x \cdot (\ln x - 1) + \ C$$

Example:

$$F(x) = \int \arctan x \cdot dx \Rightarrow F(x) = \ ?$$

Solution:

$$u = \arctan x \Rightarrow du = \frac{dx}{1 + x^2}$$

$$d\vartheta = dx \Rightarrow \vartheta = x$$

$$F(x) = \int \arctan x \, dx = x \cdot \arctan x - \int \frac{x}{1 + x^2} \, dx$$

$$1 + x^2 = t \Rightarrow dt = 2x \, dx \Rightarrow x \cdot dx = \frac{1}{2} dt$$

$$F(x) = x \cdot \arctan x - \frac{1}{2} \int \frac{dt}{t}$$

$$F(x) = x \cdot \arctan x - \frac{1}{2} \ln |t| + C$$

$$F(x) = x \cdot \arctan x - \frac{1}{2} \ln (1 + x^2) + C$$

$$F(x) = x \cdot \arctan x - \ln \sqrt{1 + x^2} + C$$

3. SEPARATING INTO RATIONAL NUMBERS METHOD

Example:

$$\int \frac{5x-3}{x^2-2x-3}\,dx = ?$$

Solution:

$$\frac{5x-3}{x^2-2x-3} = \frac{5x-3}{(x+1)(x-3)} = \frac{A}{x+1} + \frac{B}{x-3}$$

$$= \frac{(A+B)x+B-3A}{(x+1)(x-3)}$$

$$(A+B)x+B-3A = 5x-3$$

$$\begin{cases} A+B=5 \\ B-3A= -3 \end{cases} \Rightarrow 4A=8 \Rightarrow A=2$$

$$A=2 \Rightarrow B=3$$

$$\int \frac{5x-3}{x^2-2x-3}\,dx = 2\int \frac{dx}{x+1} + 3\int \frac{dx}{x-3}$$

$$= 2\ln|x+1| + 3\ln|x-3| + C$$

Example:

$$\int \frac{x}{x^3-x^2+x-1}\,dx = ?$$

Solution:

$$\frac{x}{x^3 - x^2 + x - 1} = \frac{x}{(x^2 + 1)(x - 1)} = \frac{Ax + B}{x^2 + 1} + \frac{C}{x - 1}$$

$$= \frac{Ax^2 - Ax + Bx - B + Cx^2 + C}{(x^2 + 1)(x - 1)}$$

$$x = (A + C)x^2 + (B - A)x + C - B$$

$$= \begin{cases} A + C = 0 \\ B - A = 1 \\ C - B = 0 \end{cases} \Rightarrow \begin{cases} A + C = 0 \\ C - A = 1 \end{cases} \Rightarrow C = \frac{1}{2}$$

$$C = \frac{1}{2}, A = -\frac{1}{2}, B = \frac{1}{2}$$

$$\int \frac{x}{x^3 - x^2 + x - 1} dx = \frac{1}{2} \int \frac{-x + 1}{x^2 + 1} dx + \frac{1}{2} \int \frac{1}{x - 1} dx$$

$$= -\frac{1}{2} \int \frac{x}{x^2 + 1} dx + \frac{1}{2} \int \frac{1}{x^2 + 1} dx + \frac{1}{2} \ln |x - 1|$$

$$x^2 + 1 = t \Rightarrow \frac{dt}{2} = xdx$$

$$\int \frac{x\, dx}{x^3 - x^2 + x - 1} = -\frac{1}{4} \int \frac{dt}{t} + \frac{1}{2}\arctan x + \frac{1}{2}\ln |x - 1| + C$$

$$\int \frac{x}{x^3 - x^2 + x - 1} dx = l$$

$$l = -\frac{1}{4}\ln (x^2 + 1) + \frac{1}{2}\arctan x + \frac{1}{2}\ln |x - 1| + C$$

DEFINITE INTEGRAL

$$\int_a^b f(x)dx = F(x)|_a^b = F(b) - F(a)$$

PROPERTIES OF DEFINITE INTEGRAL

1. $\displaystyle\int_a^b k - f(x)dx = k \int_a^b f(x)dx, \quad k \in R$

2. $\displaystyle\int_a^b [f(x) \mp g(x)] = \int_a^b f(x)\, dx \mp \int_a^b g(x)\, dx$

3. $\displaystyle\int_a^b f(x)\, dx = \int_a^c f(x)\, dx + \int_c^b f(x)\, dx, \quad c \in (a,b)$

Example:

$$\int_0^2 \left(\frac{2x^3 + 8x + 1}{x^2 + 4}\right)dx = \ ?$$

Solution:

$$\int_0^2 \left(\frac{2x^3 + 8x + 1}{x^2 + 4}\right)dx = \int_0^2 \left(2x + \frac{1}{x^2 + 4}\right)dx$$

$$= 2 \int_0^2 x \, dx + \frac{1}{4} \int \frac{dx}{1 + \left(\frac{x}{2}\right)^2}$$

$$2t = x \Rightarrow 2dt = dx$$

$$= x^2 \Big|_0^2 + \frac{1}{2} \int_0^2 \frac{dt}{1 + t^2}$$

$$= x^2 \Big|_0^2 + \frac{1}{2} \arctan\left(\frac{x}{2}\right)\Big|_0^2$$

$$= 4 + \frac{1}{2} (\arctan 1 - \arctan 0)$$

$$= 4 + \frac{1}{2} \cdot \frac{\pi}{4} = \frac{32 + \pi}{8}$$

Example:

$$\int_{-3}^3 |x^2 - 4| \, dx = \, ?$$

Solution:

$$\int_{-3}^0 |x^2 - 4| \, dx = \int_{-3}^{-2} (x^2 - 4) dx + \int_{-2}^2 (4 - x^2) \, dx + \int_2^3 (x^2 - 4) dx$$

$$= \left(\frac{x^3}{3} - 4x\right)\Big|_{-3}^{-2} + \left(4x - \frac{x^3}{3}\right)\Big|_{-2}^2 + \left(\frac{x^3}{3} - 4x\right)\Big|_2^3$$

$$= \left[\left(-\frac{8}{3} + 8\right) - (-9 + 12)\right] + \left[\left(8 - \frac{8}{3}\right) - \left(-8 + \frac{8}{3}\right)\right] +$$

$$\left[(9 - 12) - \left(\frac{8}{3} - 8\right)\right]$$

$$= \frac{16}{3} - 3 + \frac{16}{3} + \frac{16}{3} - 3 + \frac{16}{3} = \frac{64}{3} - 6 = \frac{46}{3}$$

Example:

$$\int_0^{\sqrt{3}} \frac{1}{1 + x^2} \, dx = \, ?$$

Solution:

$$\int_0^{\sqrt{3}} \frac{dx}{1 - x^2} = \arctan x \, \Big|_0^{\sqrt{3}}$$

$$= \arctan \sqrt{3} - \arctan 0 = \frac{\pi}{3}$$

Example:

$$\int_2^4 |x - 3| \, dx = \, ?$$

Solution:

$$\int_2^4 |x - 3| \, dx = \int_2^3 (3 - x) dx + \int_3^4 (x - 3) \, dx$$

$$= \left(3x - \frac{x^2}{2}\right)\Big|_2^3 + \left(\frac{x^2}{2} - 3x\right)\Big|_3^4$$

$$= \left[\left(9 - \frac{9}{2}\right) - (6-2)\right] + \left[(8-12) - \left(\frac{9}{2} - 9\right)\right] = 1$$

APPLICATION OF DEFINITE INTEGRAL

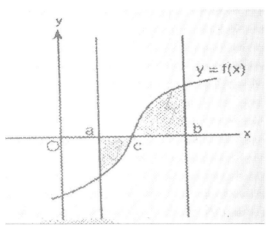

1. $A = \int_{a}^{b} f(x)dx$

[Chart]

☞ In $[c,b]$ interval $f(x) \geq 0 \Rightarrow A = \int_{a}^{b} f(x)dx$

☞ In $[a,c]$ interval $f(x) \leq 0 \Rightarrow A = -\int_{a}^{c} f(x)\,dx$

Example:

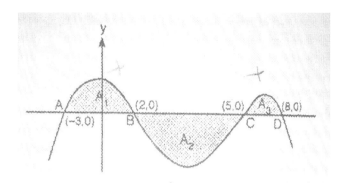

[Chart]

$A_1 = 12 \text{ br}^2$

$A_2 = 18 \text{ br}^2$

$A_3 = 9 \text{ br}^2$

$$\Rightarrow \int_{-3}^{8} f(x)dx = ?$$

Solution:

$$\int_{-3}^{8} f(x)dx = \int_{-3}^{2} f(x)dx + \int_{2}^{5} f(x)dx + \int_{5}^{8} f(x)dx$$

$= 12 - 18 + 9 = 3 \; br^2$

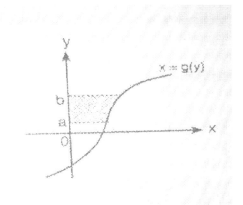

2. $A = \displaystyle\int_{a}^{b} |g(y)|\, dy$

[chart]

EXAMPLE:

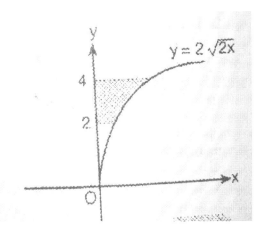

[chart]

Solution:

$$y = 2\sqrt{2x} \Rightarrow y^2 = 8x$$

$$x = \frac{y^2}{8}$$

$$A = \int_{2}^{4} |f(y)| dy$$

$$A = \int_{2}^{4} \left|\frac{y^2}{8}\right| dy = \frac{y^3}{24}\Big|_{2}^{4} = \frac{64}{24} - \frac{8}{24}$$

$$A = \frac{56}{24} = \frac{7}{3} br^2$$

TEST WITH SOLUTIONS

1. $\int\limits_{-1}^{2} x^3 dx = ?$

A)$\dfrac{7}{2}$ B)$\dfrac{15}{4}$ C) 4

D)$\dfrac{17}{4}$ E)$\dfrac{9}{2}$

Solution:

$$\int\limits_{-1}^{2} x^3 \, dx = \frac{x^{3+1}}{3+1} \Big|_{-1}^{2}$$

$$= \frac{x^4}{4} \Big|_{-1}^{2}$$

$$= \frac{2^4}{4} - \frac{(-1)^4}{4}$$

$$= \frac{16}{4} - \frac{1}{4}$$

$$= \frac{15}{4}$$

Correct Answer - B

2. $\int \dfrac{x \, dx}{\sqrt[3]{x}} = ?$

A)$\dfrac{5}{3} \cdot x^{3/5} + c$ B) $15 \cdot x^{5/3} + c$ C)$\dfrac{3}{5} \cdot x^{5/3} + C$

D) $15 \cdot x^{5/3} + c$ E) $\dfrac{1}{3} \cdot x^{3/5} + c$

Solution:

$$\int \frac{xdx}{\sqrt[3]{x}} = \int \frac{xdx}{x^{1/3}}$$

$$= \int x^{1-\frac{1}{3}} dx$$

$$= \int x^{2/3} dx$$

$$= \frac{x^{\frac{2}{3}+1}}{\frac{2}{3}+1}$$

$$= \frac{3}{5} \cdot x^{5/3} + c$$

Correct Answer - C

3. $\displaystyle\int (x^2 + 1)^3 \, 2x dx = \ ?$

A) $3 \cdot (x^2 + 1)^3 + c$ B) $4 \cdot (x^2 + 1)^4 + c$

C) $\dfrac{(x^2 + 1)^3}{4} + c$ D) $\dfrac{(x^2 + 1)^4}{4} + c$

E) $\dfrac{(x^2 + 1)^4}{3} + c$

Solution:

$$\int (x^2 + 1)^3 \, 2x \, dx = \int u^3 \cdot du$$

$$\begin{cases} x^2 + 1 = u \\ 2x\,dx = du \end{cases} \Rightarrow \frac{u^4}{4} + c$$

$$= \frac{(x^2 + 1)^4}{4} + c$$

Correct Answer - D

4. $\int \dfrac{dx}{x - 3} = \,?$

A) $\dfrac{1}{3} \cdot \ln |x - 3| + c$ 　　　　　 B) $\dfrac{1}{3} \cdot \ln |x + 3| + c$

C) $3 \cdot \ln |x + 3| + c$ 　　　　　 D) $\ln |x + 3| + c$

D) $\ln |x - 3| + c$

Solution:

$$\int \frac{dx}{x - 3} = \int \frac{du}{u}$$

$$= \ln |u| + c \qquad\qquad x - 3 = u$$

$$= \ln |x - 3| + c \qquad\qquad dx = du$$

Correct Answer - E

5. $\int \dfrac{x+2}{x+1}\, dx = \ ?$

A) $x + \ln|x+1| + c$

B) $x - \ln|x+1| + c$

C) $2x + \ln|x+1|$

D) $x + 2 \cdot \ln|x+1| + c$

E) $x - 2 \cdot \ln|x+1| + c$

Solution:

$$\int \dfrac{x+2}{x+1}\, dx = \int \left(1 + \dfrac{1}{x+1}\right) dx$$

$$= x + \ln|x+1| + c$$

Correct Answer - A

6. $\int \sin 3x\, dx = \ ?$

A) $-\dfrac{1}{3} \cos 3x + c$

B) $\dfrac{1}{3} \cos 3x + c$

C) $-3 \cdot \cos 3x + c$

D) $3 \cos 3x + c$

E) $-\sin^3 3x + c$

Solution:

$$\int \sin 3x\, dx = \int \sin u \dfrac{du}{3}$$

$$\begin{cases} 3x = u \\ 3dx = du \\ dx = \dfrac{du}{3} \end{cases} \Rightarrow = \begin{aligned} &= \dfrac{1}{3}\int \sin u\, du \\ &= -\dfrac{1}{3} \cdot (-\cos u) + c \\ &= -\dfrac{1}{3}\cos(3x) + c \end{aligned}$$

Correct Answer - A

7. $\int \tan x\, dx = $?

A) $\ln|\cos x| + c$ B) $-\ln|\cos x| + c$

C) $-\ln|\sin x| + c$ D) $\ln|\sin x| + c$

E) $\ln|\tan x| + c$

Solution:

$$\int \tan x\, dx = \int \dfrac{\sin x}{\cos x}\, dx$$

$$\begin{cases} \cos x = u \\ -\sin x\, dx = du \end{cases}$$
$$\begin{aligned} &= \int -\dfrac{du}{u} \\ &= -\int \dfrac{du}{u} \\ &= -\ln|u| + c \\ &= -\ln|\cos x| + c \end{aligned}$$

Correct Answer - B

8. $\displaystyle\int_{0}^{4} \sqrt{2x + 1}\, dx$

A) $\dfrac{25}{3}$ B) $\dfrac{26}{3}$ c) 9

D) $\dfrac{28}{3}$ E) $\dfrac{29}{4}$

Solution:

$$\int_0^4 \sqrt{2x+1}\, dx = \int \sqrt{u}\,\frac{du}{2}$$

$$= \frac{1}{2}\int u^{1/2}\, du$$

$$\begin{cases} 2x+1 = u \\ 2dx = du \\ dx = \dfrac{du}{2} \end{cases} \Rightarrow = \frac{1}{2}\cdot\frac{u^{2/3}}{\dfrac{3}{2}}$$

$$= \frac{1}{3}\cdot u^{3/2}$$

$$= \frac{1}{3}\sqrt{(2x+1)^3}\,\Big|_0^4$$

$$= \frac{1}{3}\left(\sqrt{(2.4+1D)^3} - \sqrt{(2.0+1)^3}\right)$$

$$= \frac{1}{3}\left(\sqrt{9^3} - \sqrt{1^3}\right)$$

$$= \frac{1}{3}(27-1)$$

$$= \frac{26}{3}$$

Correct Answer - B

9. $\displaystyle\int_0^2 |\,x^2 - 1\,|\,dx = \ ?$

A) -4 B) -2 C) 2   D) 4   E) 6

Solution:

$$\int_0^2 |\,x^2 - 1\,|\,dx = \int_0^1 (-x^2 + 1)\,dx + \int_1^2 (x^2 - 1)\,dx$$

$$= \left(-\frac{x^3}{3} + x\right)\Big|_0^1 + \left(\frac{x^3}{3} - x\right)\Big|_1^2$$

$$= \left(-\frac{1}{3} + 1\right) + \left[\left(\frac{8}{2} - 2\right) - \left(\frac{1}{3} - 1\right)\right]$$

$$= \frac{2}{3} + \left[\frac{2}{3} + \frac{2}{3}\right]$$

$$= \frac{2}{3} + \frac{4}{3}$$

$$= 2$$

Correct Answer - C

10. $\int \dfrac{x}{x^2 + 1}\, dx = ?$

A) 0   B) $\ln \sqrt{\dfrac{1}{2}}$ C) $\ln \sqrt{2}$

D) $\ln \sqrt{3}$ E) $\ln 2$

Solution:

$$\int_0^1 \dfrac{x}{x^2 + 1}\, dx = \int \dfrac{\dfrac{du}{2}}{u}$$

$$= \dfrac{1}{2} \cdot \int \dfrac{du}{u}$$

$$\begin{cases} x^2 + 1 = u \\ 2x\,dx = du \\ x\,dx = \dfrac{du}{2} \end{cases} \Rightarrow \quad = \dfrac{1}{2} \cdot \left. \ln |u| \right|_0^1$$

$$= \dfrac{1}{2} \cdot [\ln 2 - \ln 1]$$

$$= \dfrac{1}{2} \cdot \ln 2$$

$$= \ln \sqrt{2}$$

Correct Answer - C

11. $\displaystyle\int_0^{\pi/2} \frac{\cos x}{(1 + \sin x)^3}\, dx = ?$

A) 1   B)$\dfrac{1}{2}$ C)$\dfrac{1}{3}$ D)$\dfrac{1}{4}$ E)$\dfrac{1}{5}$

Solution:

$$\int_0^{\pi/2} \frac{\cos x}{(1 + \sin x)^3}\, dx = \int_0^{\pi/2} \frac{du}{u^3}$$

$$= \int_0^{\pi/2} u^{-3}\, du \qquad \begin{aligned} 1 + \sin x &= u \\ \cos x\, dx &= du \end{aligned}$$

$$= \frac{u^{-2}}{-2}\Big|_0^{\pi/2}$$

$$= -\frac{1}{2u^2}\Big|_0^{\pi/2}$$

$$= -\frac{1}{2 \cdot (1 + \sin x)^2}\Big|_0^{\pi/2}$$

$$= -\frac{1}{2}\left(\frac{1}{1 + \sin\dfrac{\pi}{2}} - \frac{1}{1 + \sin 0}\right)$$

$$= -\frac{1}{2}\left(\frac{1}{2} - 1\right) = -\frac{1}{2}\cdot\left(-\frac{1}{2}\right) = \frac{1}{4}$$

Correct Answer - D

12. $\int_0^2 \dfrac{dx}{4 + x^2} = ?$

A)$\dfrac{\pi}{4}$ B)$\dfrac{3\pi}{4}$ C)$\dfrac{\pi}{8}$ D) 2   E)$\dfrac{1}{8}$

Solution:

$$\int_0^2 \frac{dx}{4 + x^2} = \frac{1}{4} \int_0^2 \frac{dx}{1 + \left(\dfrac{x}{2}\right)^2}$$

$$= \frac{1}{4} \int_0^2 \frac{2\,du}{1 + u} = \frac{1}{2} \arctan u \Big|_0^2$$

$$= \frac{1}{2}\arctan \frac{x}{2} \Big|_0^2$$

$$= \frac{1}{2}\arctan 1 - \frac{1}{2}\arctan 0$$

$$= \frac{1}{2} \cdot \frac{\pi}{4} - \frac{1}{2} \cdot 0$$

$$= \frac{\pi}{8}$$

Correct Answer - C

13. Shaded Area

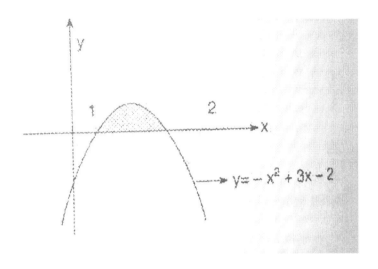

A) $\dfrac{1}{2}$ B) $\dfrac{1}{3}$ C) $\dfrac{1}{4}$ D) $\dfrac{1}{6}$ E) $\dfrac{1}{5}$

Solution:

$$S = \int_{1}^{2} (-x^2 + 3x - 2)\, dx$$

$$= \left(-\dfrac{x^3}{3} + 3\cdot\dfrac{x^2}{2} - 2x\right)\Big|_{1}^{2}$$

$$= \left(-\dfrac{2^3}{3} + 3\cdot\dfrac{2^2}{2} - 2\cdot 2\right) - \left(-\dfrac{1^3}{3} + 3\cdot\dfrac{1}{2} - 2\cdot 1\right)$$

$$= \left(-\dfrac{8}{3} + 6 - 4\right) - \left(-\dfrac{1}{3} + \dfrac{3}{2} - 2\right)$$

$$= -\dfrac{8}{3} + 2 + \dfrac{1}{3} + \dfrac{1}{2}$$

$$= -\frac{7}{3} + \frac{5}{2}$$

$$= \frac{1}{6}$$

Correct Answer - D

14. $\displaystyle\int_{1/2}^{\sqrt{3}/2} \frac{dx}{\sqrt{1-x^2}} = ?$

A)$\dfrac{\pi}{6}$ B)$\dfrac{\pi}{3}$ C)$\dfrac{2\pi}{3}$ D) π E) $5\pi/6$

Solution:

$$\int_{\frac{1}{2}}^{\sqrt{3}/2} \frac{dx}{\sqrt{1-x^2}} = \bigg|_{1/2}^{\sqrt{3}/2}$$

$$= \arcsin\frac{\sqrt{3}}{2} - \arcsin\frac{1}{2}$$

$$= \frac{\pi}{3} - \frac{\pi}{6} = \frac{\pi}{6}$$

Correct Answer – A

15. **Shaded Area**

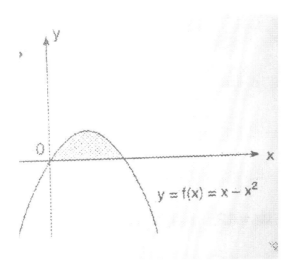

A) 4 B) 2 C) $\frac{1}{2}$ D) $\frac{1}{4}$ E) $\frac{1}{6}$

Solution:

$x^2 = x$

$x^2 - x = 0$

$x \cdot (x - 1) = 0$

$x = 0 \ (or) \ x = 1$

$$S = \int_0^1 (x - x^2)\, dx$$

$$= \left(\frac{x^2}{2} - \frac{x^3}{3}\right)\Big|_0^1$$

$$= \frac{1}{2} - \frac{1}{3}$$

$$= \frac{1}{6}$$

Correct Answer - E

16. $\int_{-1}^{1} (x^2 + 2x - 1)\, dx = ?$

A) 2 B) 1 C) $\frac{4}{3}$ D) $-\frac{1}{3}$ E) $-\frac{4}{3}$

Solution:

$$\int_{-1}^{1} (x^2 + 2x - 1)\, dx = \left(\frac{x^3}{3} + \frac{2.x^2}{2} - x\right)\Big|_{-1}^{1}$$

$$= \left(\frac{1}{3} + 1 - 1\right) - \left(-\frac{1}{3} + 1 + 1\right)$$

$$= \frac{1}{3} + \frac{1}{3} - 2$$

$$= \frac{2}{3} - 2$$

$$= -\frac{4}{3}$$

Correct Answer - E

17. $\int x \cdot \sin x \, dx = ?$

A) $-x \cdot \cos x + \sin x + c$ B) $-x \cdot \sin x + \cos x + c$

C) $-x \cdot \cos x + \cos x + c$ D) $x \cdot \cos x + \sin x + c$

E) $x \cdot \cos x + \sin x + c$

Solution:

$x = u, \quad \sin x \, dx = dv$

$dx = du, \quad -\cos x = v$

$\int x \cdot \sin x \, dx = x \cdot (-\cos x) - \int (-\cos x) \, dx$

$$= -x \cdot \cos x + \int \cos x \, dx$$

$$= -x \cdot \cos x + \sin x + c$$

Correct Answer - A

18. $\int_{0}^{\pi} \frac{dx}{x^2 - 4} = ?$

A) $2 \cdot \ln \left| \frac{x+2}{x-2} \right| + c$ B) $\frac{1}{4} \cdot \ln \left| \frac{x-2}{x+2} \right| + c$

C) $\frac{1}{4} \cdot \ln \left| \frac{x+2}{x-2} \right| + c$ D) $\frac{1}{2} \cdot \ln \left| \frac{x+2}{x-2} \right| + c$

$$E) \frac{1}{2} \cdot \ln \left| \frac{x-2}{x+2} \right| + c$$

Solution:

$$\frac{1}{x^2 - 4} = \frac{A}{x-2} + \frac{B}{x+2}$$

$$\begin{cases} A + B = 0 \\ 2A - 2B = 1 \end{cases} \Rightarrow A = \frac{1}{4}, \ B = -\frac{1}{4}$$

$$\int \frac{dx}{x^2 - 4} = \left(\frac{\frac{1}{4}}{x-2} - \frac{\frac{1}{4}}{x+2} \right) dx$$

$$= \frac{1}{4} \cdot \int \left(\frac{1}{x-2} - \frac{1}{x+2} \right) dx$$

$$= \frac{1}{4} \cdot (\ln |x-2| - \ln |x+2|$$

$$= \frac{1}{4} \cdot \ln \left| \frac{x-2}{x+2} \right| + c$$

Correct Answer - B

19. $f'(x) = x^2 + 3x \, , f(1) = 5 \Rightarrow f(2) = \ ?$

A) $\frac{23}{2}$ B) $\frac{35}{3}$ C) $\frac{71}{6}$ D) 12   E) $\frac{73}{6}$

Solution:

$$f'(x) = x^2 + 3x$$

$$\int f'(x) dx = \int (x^2 + 3x) \, dx$$

$$f(x) = \frac{x^3}{3} + \frac{3x^2}{2} + c$$

$$f(1) = \frac{1}{3} + \frac{3}{2} + c = 5$$

$$c = 5 - \frac{11}{6}$$

$$c = \frac{19}{6}$$

$$f(2) = \frac{2^3}{3} + \frac{3.2^2}{2} + \frac{19}{6}$$

$$= \frac{71}{6}$$

Correct Answer - C

20. $\int_{a}^{b} (4x - 1)dx = 12$, $a - b = -4 \Rightarrow a \cdot b = ?$

A) 4   B) 3   C) 0   D) – 3   E) – 1

Solution:

$$\int_{a}^{b} (4x - 1)\, dx = 12$$

$$\left(\frac{4x^2}{2} - x \right) \Big|_{a}^{b} = 12$$

$$(2b^2 - b) - (2a^2 - a) = 12$$

$$2b^2 - b - 2a^2 + a = 12$$

$$2 \cdot (b^2 - a^2) + a - b = 12$$

$$2.(b - a) \cdot (b + a) + a - b = 12$$

$$2 \cdot 4 \cdot (b + a) - 4 = 12$$

$$8 \cdot (b + a) = 16$$

$$b + a = 2$$

$$+ \quad a - b = -4$$

$$2a = -2$$

$$a = -1, \ b = 3$$

$$a.b = -1 \cdot 3$$

$$= -3$$

Correct Answer - D

21. $\int_{0}^{\pi/4} (cos^2 x - sin^2 x) \, dx = ?$

A) $-\dfrac{1}{4}$ B) $-\dfrac{1}{2}$ C) $\dfrac{1}{8}$ D) $\dfrac{1}{4}$ E) $\dfrac{1}{2}$

Solution:

$$\int_{0}^{\pi/4} (cos^2 x - sin^2 x) \, dx = \int_{0}^{\pi/4} cos \, 2x \, dx$$

$$= \frac{\sin 2x}{2} \Big|_0^{\pi/4}$$

$$= \frac{1}{2} \left(\sin \frac{\pi}{2} - \sin 0 \right)$$

$$= \frac{1}{2} (1 - 0)$$

$$= \frac{1}{2}$$

Correct Answer - E

22. $\dfrac{d}{dx} \left(\displaystyle\int_1^{-8} \left(x^3 - 5x^2 \right) dx \right) = \ ?$

$A) - 2 \qquad B) - 1 \qquad C) \ 0 \qquad D) \ 1 \qquad E) \ 2$

Solution:

$$\int_1^{-8} \left(x^3 - 5x^2 \right) dx = a, \ a \in R$$

$$\Rightarrow \frac{d}{dx} a = 0$$

Correct Answer - C

Questions

1. $\dfrac{df(x)}{dx} = f'(x) = 3x^2 - 6x + 3 \, , f(1) = 2 \Rightarrow f(-1) = \ ?$

A) 0   B) – 1   C) – 2   D) – 3   E) – 6

Solution:

$f'(x) = 3x^2 - 6x + 3$

$f(x) = 3 \cdot \dfrac{x^3}{3} - 6 \cdot \dfrac{x^2}{2} + 3x + c$

$f(x) = x^3 - 3x^2 + 3x + c$

$f(1) = 1^3 - 3 \cdot 1^2 + 3 \cdot 1 + c$

$\qquad = 1 + c$

$1 + c = 2 \Rightarrow c = 1$

$f(x) = x^3 - 3x^2 + 3x + 1$

$f(-1) = (-1)^3 - 3 \cdot (-1)^2 + 3 \cdot (-1) + 1$

$f(-1) = -1 - 3 - 3 + 1$

$f(-1) = -6$

Correct Answer - E

2. $\displaystyle\int_0^1 x^2 \cdot e^{x^3} \, dx = \ ?$

A) 1   B) e C) $e - 1$

D) $3(e - 1)$ $\qquad$ E)$\frac{1}{3}(e - 1)$

Solution:

$$x^3 = u$$

$$3x^2 \, dx = du$$

$$x^2 \, dx = \frac{du}{3}$$

$$\int_0^1 x^2 \cdot e^{x^3} \, dx = \int e^u \frac{du}{3}$$

$$= \frac{1}{3} \int e^u \, du$$

$$= \frac{1}{3} e^u$$

$$= \frac{1}{3} e^{x^3} \Big|_0^1$$

$$= \frac{1}{3} \cdot (e^1 - e^0)$$

$$= \frac{1}{3} (e - 1)$$

Correct Answer - E

3. $\int_{-b}^{b} (ax + b)\, dx = 4 \Rightarrow b = ?$

A) $\sqrt{2}$ B) $\sqrt{3}$ C) 2   D) 3   E) 4

Solution:

$$\int_{-b}^{b} (ax + b)\, dx = a \int x\, dx + \int b\, dx$$

$$= \left(a \cdot \frac{x^2}{2} + bx \right)\bigg|_{-b}^{b}$$

$$= a \cdot \frac{b^2}{2} + b^2 - \left(\frac{ab^2}{2} - b^2 \right)$$

$$= \frac{ab^2}{2} + b^2 - \frac{ab^2}{2} + b^2$$

$$= 2b^2$$

$2b^2 = 4$

$b^2 = 2$

$b = \sqrt{2}$

Correct Answer - A

4. $\int_{1}^{a} x \cdot e^x\, dx = 3 \cdot (\ln 3 - 1) \Rightarrow a = ?$

A) $\ln 3 + 1$ B) $\ln 3$ C) $\ln 3 - 2$

D) $\ln 3 - 1$ E) $\dfrac{\ln 3}{2}$

Solution:

$$\int u \cdot dv = u \cdot v - \int v \, du$$

$$x = u \qquad\qquad e^x = dv$$

$$dx = du \qquad\qquad e^x = v$$

$$\int_1^a x \cdot e^x \, dx = x \cdot e^x - \int e^x \, dx$$

$$= (x \cdot e^x - e^x)\Big|_1^a$$

$$= ae^a - e^a - (e - e)$$

$$= ae^a - e^a$$

$$ae^a - e^a = 3 \cdot (\ln 3 - 1)$$

$$e^a \cdot (a - 1) = 3 \cdot (\ln 3 - 1)$$

$$e^a = 3$$

$$a = \ln 3$$

Correct Answer - B

5. $8 \displaystyle\int_0^{\pi/12} (\sin x \cdot \cos x \cdot \cos 2x) \, dx = ?$

A)$\dfrac{1}{4}$ B)$\dfrac{1}{2}$ C) 0   D) 1   E) -1

Solution:

$$\sin x \cdot \cos x = \frac{\sin 2x}{2}$$

$$\frac{\sin 2x}{2} \cdot \cos 2x = \frac{1}{2} \cdot \sin 2x \cdot \cos 2x$$

$$= \frac{1}{2} \cdot \frac{\sin 4x}{2}$$

$$= \frac{1}{4} \cdot \sin 4x$$

$$8 \int (\sin x \cdot \cos x \cdot \cos 2x) \, dx = 8 \int \frac{1}{4} \cdot \sin 4x \, dx$$

$$= 2 \int \sin 4x \, dx$$

$$= 2 \left(-\frac{\cos 4x}{4} \right)$$

$$= -\frac{\cos 4x}{2} \bigg|_0^{\pi/12}$$

$$= -\frac{1}{2}\left(\cos 4 \cdot \frac{\pi}{12} - \cos 4 \cdot 0\right)$$

$$= -\frac{1}{2}\left(\cos \frac{\pi}{3} - \cos 0\right)$$

$$= -\frac{1}{2}\left(\frac{1}{2} - 1\right)$$

$$= \frac{1}{4}$$

Correct Answer - A

6. $\displaystyle\int_0^x (xt - t)\, dt = 2, \quad x \in R \Rightarrow x = ?$

A) 3   B) 2   C) 1   D)$\dfrac{5}{2}$ E)$\dfrac{3}{2}$

Solution:

$$\int_0^x (xt - t)\, dt = x \int_0^x t\, dt$$

$$= \left(x \cdot \frac{t^2}{2} - \frac{t^2}{2}\right)\Big|_0^x$$

$$= x \cdot \frac{x^2}{2} - \frac{x^2}{2}$$

$$\frac{x^3}{2} - \frac{x^2}{2} = 2$$

42

$x^3 - x^2 = 4$

$x = 2$

Correct Answer - B

7. $f(x) = x^2 \Rightarrow$

$S(AOB) = ?cm^2$

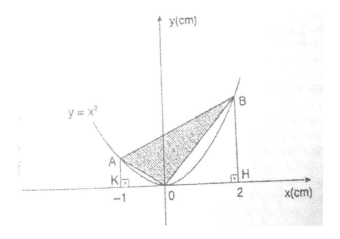

A) 1   B) 2   C) 3   D) 4   E) 5

Solution:

$x = 2 \Rightarrow f(2) = 2^2$

$f(2) = 4, B(2,4)$

$|HB| = 4$

$x = -1 \Rightarrow f(-1) = (-1)^2$

$$f(-1) = 1, \, A(-1,1)$$

$$|AK| = 1$$

$$S(AKHB) = \frac{(4+1)\cdot 3}{2} \Rightarrow S(AKHB) = \frac{15}{2}$$

$$S(AKO) = \frac{1}{2} \cdot S(OHB) = 4$$

$$S(AOB) = \frac{15}{2} - \left(\frac{1}{2} + 4\right) = 3$$

Correct Answer - C

8. $\int\limits_0^1 \dfrac{5x^2 \, dx}{\sqrt{1-x^6}} = \, ?$

A)$\dfrac{3\pi}{2}$ B)$\dfrac{2\pi}{2}$ C)$\dfrac{4\pi}{3}$

D)$\dfrac{3\pi}{4}$ E)$\dfrac{5\pi}{6}$

Solution:

$$\int\limits_0^1 \frac{5x^2 \, dx}{\sqrt{1-x^6}} = \int \frac{5x^2 \, dx}{\sqrt{1-\left(x^3\right)^2}}$$

$$= \int\limits_0^1 \frac{5 \cdot \dfrac{du}{3}}{\sqrt{1-u^2}}$$

$$\begin{cases} x^3 = u \\ 3x^2\,dx = du \\ x^2\,dx = \dfrac{du}{3} \end{cases} \Rightarrow = \dfrac{5}{3}\int_0^1 \dfrac{du}{\sqrt{1-u^2}}$$

$$= \dfrac{5}{3}\arcsin u$$

$$= \dfrac{3}{5}\arcsin x^3 \Big|_0^1$$

$$= \dfrac{5}{3}(\arcsin 1 - \arcsin 0)$$

$$= \dfrac{5}{3}\left(\dfrac{\pi}{2} - 0\right)$$

$$= \dfrac{5\pi}{6}$$

Correct Answer - E

9. $\displaystyle\int \dfrac{x^2 \cdot \ln(x^3 + 1)}{x^3 + 1}\,dx = \ ?$

A) $\dfrac{[\ln(x^3 + 1)]^{-2}}{6} + c$ 　　　　　　B) $\ln(x^3 + 1)^2 + c$

C) $\dfrac{1}{3}\ln(x^3 + 1) + c$ 　　　　　　　　D) $\dfrac{1}{12}\ln(x^3 + 1) + c$

E) $\dfrac{1}{18}\ln(x^3 + 1) + c$

Solution:

$$\int \frac{x^2 \cdot \ln(x^3+1)}{x^3+1}\, dx = \int \frac{\ln u}{u} \cdot \frac{du}{3}$$

$$= \frac{1}{3} \int \frac{\ln u}{u}\, du$$

$$\begin{cases} x^3+1 = u \\ 3x^2\, dx = du \\ x^2\, dx = \dfrac{du}{3} \\ \ln u = t \\ \dfrac{1}{u}\, du = dt \end{cases} \Rightarrow$$

$$= \frac{1}{3} \int t\, dt$$

$$= \frac{1}{3} \cdot \frac{t^2}{2}$$

$$= \frac{1}{6} t^2$$

$$= \frac{1}{6} \cdot (\ln u)^2$$

$$= \frac{1}{6} \cdot (\ln(x^3+1))^2 + c$$

Correct Answer - A

10. $\displaystyle\int_{1}^{4} \left(2x - \frac{1}{\sqrt{x}}\right) dx = ?$

A) $\dfrac{13}{2}$ B) $\dfrac{7}{2}$ C) 9

D) 11 E) 13

Solution:

$$\int_1^4 \left(2x - \frac{1}{\sqrt{x}}\right) dx = 2 \int_1^4 x\, dx - \int_1^4 x^{-1/2}\, dx$$

$$= 2 \cdot \frac{x^2}{2} - \frac{x^{1/2}}{\frac{1}{2}}$$

$$= \left(x^2 - 2\sqrt{x}\right)\Big|_1^4$$

$$= 4^2 - 2.\sqrt{4} - \left(1 - 2\sqrt{1}\right)$$

$$= 16 - 4 + 1$$

$$= 13$$

Correct Answer - E

11. $\int \dfrac{e^x}{3 + 5e^x}\, dx = ?$

A) $\ln\left(5 - e^x\right) + c$

B) $\ln\left(3 - e^x\right) + c$

C) $\ln\left(3 + e^x\right) + c$

D)$\dfrac{1}{10} \ln\left(3 + e^x\right) + c$

E)$\dfrac{1}{5} \ln\left(3 + 5e^x\right) + c$

Solution:

$$\begin{cases} u = 3 + 5e\char`\^x \\ du = 5e^x dx \\ \dfrac{du}{5} = e^x dx \end{cases} \Rightarrow \int \frac{e^x}{3 + 5e^x} dx = \frac{1}{5} \int \frac{du}{u}$$

$$= \frac{1}{5} \ln u + c = \frac{1}{5} \ln\left(3 + 5e^x\right) + c$$

Correct Answer - E

12. $\int \cos(3x - 2) dx = ?$

A) $\dfrac{1}{3} sin(3x - 2) + c$ B) $\ln\left(3 - e^x\right) + c$

C) $\ln\left(3 + e^x\right) + c$ D) $\dfrac{1}{0} \ln\left(3 + e^x\right) + c$

E) $\dfrac{1}{5} \ln\left(3 + 5e^x\right) + c$

Solution:

$$\begin{cases} u = 3x - 2 \\ du = 3dx \\ \dfrac{du}{3} = dx \end{cases} \Rightarrow \int \cos u \frac{du}{3} = \frac{1}{3} sin u + c$$

$$= \frac{1}{3} sin(3x - 2) + c$$

Correct Answer - D

13. $\displaystyle\int_{1}^{3} (|x - 2| + 2) \, dx = ?$

A)$\dfrac{7}{2}$ B)$\dfrac{9}{2}$ C) 4   D) 5   E) 7

Solution:

$$\int_1^3 (|x-2|+2)dx = \int_1^2 (-x+2+2)\,dx + \int_2^3 (x-2+2)\,dx$$

$$= \int_1^2 (-x+4)\,dx + \int_2^3 x\,dx = \left(-\dfrac{x^2}{2}+4x\right)\Big|_1^2 + \dfrac{x^2}{2}\Big|_2^3$$

$$= \dfrac{9}{2}+\dfrac{5}{2} = 7$$

Correct Answer - E

14. $\displaystyle\int \dfrac{x\,dx}{x^2-1} = ?$

A)$\dfrac{1}{2}\ln\left|\dfrac{x-1}{x+1}\right|+c$ B)$\dfrac{1}{2}\ln\left|\dfrac{x+1}{x-1}\right|+c$

C)$\dfrac{1}{2}\ln|x^2-1|+c$ D)$\dfrac{1}{2}\ln|x^2+1|+c$

E)$\dfrac{3}{2}\ln|x^2-1|+c$

Solution:

$$\int \frac{x \, dx}{x^2 - 1} = \frac{1}{2} \int \frac{du}{u} = \frac{1}{2}\ln |u| + c$$

$$= \frac{1}{2}\ln |x^2 - 1| + c$$

Correct Answer - C

15. $\displaystyle\int_{0}^{-\pi/2} \cos x \, .\sin x \, e^{\sin^2 x} \, dx = \ ?$

A) $e - 2$ 　　　　B) $e + 2$ 　　　　C)$\frac{1}{4}(e - 1)$

D)$\frac{1}{2}(e + 1)$ 　　　E)$\frac{1}{2}(e - 1)$

Solution:

$$\sin^2 x = u \Rightarrow 2 \sin x \cos x \, dx = du$$

$$\sin x \cos x \, dx = \frac{du}{2}$$

$$\int_{0}^{-\pi/2} \cos x \, .\sin x \, e^{\sin^2 x} \, dx = \frac{1}{2} \int_{0}^{-\pi/2} e^u \, du = \frac{1}{2} \int_{0}^{-\pi/2} e^u$$

$$= \frac{1}{2} \int_{0}^{-\pi/2} e^u \sin^2 x$$

$$= \frac{1}{2}e^{\sin\left(-\frac{\pi}{2}\right)^2} - \frac{1}{2}e^{\sin^2 0}$$

$$= \frac{1}{2}e - \frac{1}{2}$$

$$= \frac{1}{2}(e - 1)$$

Correct Answer - E

16. $S = 288 \Rightarrow m = ?$

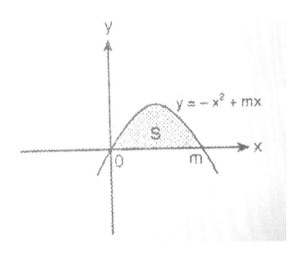

[Chart]

A) 10   B) 12   C) 13   D) 14   E) 15

Solution:

$$\int_0^m (-x^2 + mx)\, dx = \left| \frac{m}{0} - \frac{x^3}{3} + \frac{mx^2}{2} \right.$$

$$= \left(-\frac{m^3}{3} + \frac{m^3}{2} \right) - (0 + 0) = 288$$

$$= \frac{m^3}{6} = 288 \Rightarrow m = 12$$

Correct Answer - B

17. $\int_{-2}^{2} |x^2 - 4| \, dx = ?$

A) $\frac{16}{3}$

B) $\frac{29}{3}$

C) $\frac{32}{3}$

D) 8

E) 16

Solution:

$$\int_{-2}^{2} |x^2 - 4| \, dx = \int_{-2}^{2} (x^2 - 4) dx = \left(4x - \frac{x^3}{3} \right) \Big|_{-2}^{2}$$

$$= \left[\left(8 - \frac{8}{3} \right) - \left(-8 + \frac{8}{3} \right) \right] = \frac{32}{3}$$

Correct Answer - C

18. $\int \frac{x}{\sqrt{16 - x^2}} \, dx = ?$

A) $\sqrt{4 + x^2} + C$

B) $\sqrt{16 + x^2} + C$

C) $-\sqrt{4 - x^2} + C$

D) $-\sqrt{16 - x^2} + C$

E) $-2\sqrt{16 - x^2} + C$

Solution:

$$16 - x^2 = u$$

$$- 2x \, dx = du$$

$$x \, dx = -\frac{du}{2}$$

$$\int x \frac{x}{\sqrt{16 - x^2}} \, dx = \int \frac{-\dfrac{du}{2}}{\sqrt{u}}$$

$$= -\frac{1}{2} \int u^{-1/2} \, du = -\frac{1}{2} \cdot \frac{u^{1/2}}{\dfrac{1}{2}} + C$$

$$= -u^{1/2} + C = -\left(16 - x^2\right)^{1/2} + C$$

$$= -\sqrt{16 - x^2} + C$$

Correct Answer - D

Integral

Test 1

1. $\displaystyle\int_{1}^{2}\frac{2x^3+1}{x^2}\,dx = \ ?$

A) 3   B)$\dfrac{7}{2}$ C) 4   D)$\dfrac{9}{2}$ E) 5

2. $f'(x) = 12x^3 - 6x + 1$, $f(-1) = 5$, $f(1) = \ ?$

A) 5   B) 6   C) 7   D) 8   E) 9

3. $\displaystyle\int (3x-2)\,f(x)\,dx = 2x^3 + \frac{5}{2}x^2 - 6x + c$

$\Rightarrow f(-1) = \ ?$

A) −2   B) −1   C) 0   D) 1   E) 2

4. $\displaystyle\int_{1}^{2}\frac{dx}{3x+1} = \ ?$

A)$\dfrac{1}{2}\ln 14$ B)$\dfrac{1}{4}\ln\dfrac{7}{3}$ C)$\dfrac{1}{4}\ln\dfrac{3}{7}$ D)$\dfrac{1}{3}\ln\dfrac{4}{7}$ E)$\dfrac{1}{3}\ln\dfrac{7}{4}$

5. $\displaystyle\int \left(\frac{x+1}{x}\right)\,dx = \ ?$

A) $x + \ln |x| + c$ B) $x - \ln |x| + c$ C) $x.\ln |x| + c$

D) $\dfrac{x}{\ln |x|} + c$ E) $\dfrac{\ln |x|}{x} + c$

6. $\displaystyle\int_0^1 \dfrac{3x\, dx}{x + 1} = ?$

A)$\ln \dfrac{e^3}{2}$ B)$\ln \dfrac{e^3}{8}$ C)$\ln \dfrac{e}{2}$ D)$\ln \dfrac{e}{8}$ E)$\ln 8e$

7. $\displaystyle\int_2^4 xy\, dy = 12 \Rightarrow x = ?$

A) 2   B) 3   C)4   D) 5   E) 6

8. $\displaystyle\int_1^0 \dfrac{\ln x}{x}\, dx = ?$

A) $-\dfrac{1}{4}$ B) $-\dfrac{1}{2}$ C) 0   D)$\dfrac{1}{2}$ E)$\dfrac{1}{4}$

9. $\displaystyle\int_0^1 \dfrac{dx}{x^2 + 1} = ?$

$A)\dfrac{\pi}{12}$ $B)-\dfrac{\pi}{8}$ $C)\dfrac{\pi}{6}$ $D)\dfrac{\pi}{5}$ $E)\dfrac{\pi}{4}$

10. $\displaystyle\int_{0}^{1}\dfrac{3x^3}{x^2+3}\,dx = ?$

$A)\dfrac{3}{2}\ln\dfrac{e}{4}$ $B)\dfrac{3}{2}\cdot\ln\dfrac{27e}{64}$ $C)\dfrac{3}{2}\ln\dfrac{e}{4}$ $D)\dfrac{3}{2}\ln\dfrac{3}{4}$ $E)\dfrac{3}{2}\ln\dfrac{1}{4}$

11. $\displaystyle\int_{0}^{a}(4x-5)\,dx = 12 \Rightarrow a = ?$

$A)\,0$ $B)\,1$ $C)\,2$ $D)\,3$ $E)\,4$

12. $\displaystyle\int_{0}^{1}\left(x^2+e^x\right)dx = ?$

$A)\,e+\dfrac{4}{3}$ $B)\,e-\dfrac{4}{3}$ $C)\,e-\dfrac{2}{3}$ $D)\,e+\dfrac{2}{3}$ $E)\,e-\dfrac{3}{4}$

13. $\displaystyle\int_{0}^{\pi/2}\sin^2 x.\cos x\,dx = ?$

$A)\dfrac{1}{3}$ $B)\dfrac{1}{6}$ $C)\,0$ $D)-\dfrac{1}{3}$ $E)-\dfrac{1}{6}$

14. $b - a = 5$, $\displaystyle\int_a^b (2x + 1)\, dx = 25 \Rightarrow b = ?$

A)$\dfrac{5}{2}$ B) 3   C)$\dfrac{7}{2}$ D) 4   E)$\dfrac{9}{2}$

15. $\displaystyle\int_0^2 (x - 1)(x + 2)\, dx = ?$

A)$\dfrac{1}{3}$ B)$\dfrac{2}{5}$ C)$\dfrac{1}{2}$ D)$\dfrac{2}{3}$ E) 1

16. $\displaystyle\int_0^1 \left(\dfrac{1 - \sqrt{x}}{\sqrt{x}}\right) dx = ?$

A) 1   B) 2   C) 3   D) 4   E) 5

17. $\displaystyle\int_0^1 x^2 \left(x^3 + 2\right)^2 dx = ?$

A) 1   B)$\dfrac{4}{3}$ C)$\dfrac{19}{9}$ D) 2   E)$\dfrac{7}{3}$

18. $\displaystyle\int_0^{\pi/2} \cos^2 x \, dx = ?$

A)$\dfrac{\pi}{6}$ B)$\dfrac{\pi}{4}$ C)$\dfrac{\pi}{3}$ D)$\dfrac{\pi}{2}$ E)$\dfrac{3\pi}{3}$

19. $\displaystyle\int_1^2 x^2 \cdot \ln x \, dx = ?$

A)$\dfrac{8}{3}\ln 2 - \dfrac{5}{9}$ B)$\dfrac{8}{3}\ln 2 - \dfrac{2}{3}$ C)$\dfrac{8}{3}\ln 2 - \dfrac{7}{9}$

D)$\dfrac{1}{3}\ln 2$ E)$\dfrac{2}{3}\ln 2$

20. $\displaystyle\int_0^{e-1} \dfrac{x-1}{x+1} \, dx = ?$

A) $e - 6$ B) $e - 5$ C) $e - 4$ D) $e - 3$ E) $c - 2$

21. $\displaystyle\int_0^{\pi/2} x \cdot \sin x \, dx = ?$

A) 1   B) 2   C) 3   D) 4   E) 5

22. $\displaystyle\int (x + f(x)) \, dx = x^2 + ax + b \,, f(3) = 5 \Rightarrow a = ?$

A) 1   *B)* 2   *C)* 3   *D)* 4   *E)* 5

Answers					
1. B	2. C	3. D	4. E	5. A	6. B
7. A	8. D	9. E	10. B	11. E	12. C
13. A	14. E	15. D	16. A	17. C	18. B
19. C	20. D	21. A	22. B		

Integral

Test 2

1. $f(x) = \dfrac{1}{x+2} \Rightarrow \displaystyle\int_{2}^{3} d(f^{-1}(x)) = ?$

A) $-\dfrac{1}{12}$ B) $-\dfrac{1}{6}$ C) $-\dfrac{1}{3}$ D) $\dfrac{1}{3}$ E) $\dfrac{1}{6}$

2. $\displaystyle\int_{-1}^{2} (2x+1)(x^2+x+1)\, dx = ?$

A) 16 B) 20 C) 24 D) 28 E) 32

3. $\displaystyle\int_{-3}^{3} (x + |x|)\, dx = ?$

A) 1 B) 3 C) 6 D) 9 E) 12

4. $\displaystyle\int_{-2}^{3} |x^2 - 2x|\, dx = ?$

A) 8 B) $\dfrac{25}{3}$ C) $\dfrac{26}{3}$ D) 9 E) $\dfrac{28}{3}$

5. $\displaystyle\int_0^{\pi/4} (\cos x + \sin x)\, dx = ?$

A) 1   B) $\dfrac{\sqrt{2}}{2}$ C) $\sqrt{2}$ D) $2\sqrt{2}$ E) 4

6. $\displaystyle\int_0^{\pi/4} \sin x \sin 2x\, dx = ?$

A) $\sqrt{2}$ B) $\dfrac{\sqrt{2}}{2}$ C) $\dfrac{\sqrt{2}}{3}$ D) $\dfrac{\sqrt{2}}{4}$ E) $\dfrac{\sqrt{2}}{6}$

7. $\displaystyle\int_0^{3/2} \dfrac{dx}{9 + 4x^2} = ?$

A) $\dfrac{\pi}{6}$ B) $\dfrac{\pi}{9}$ C) $\dfrac{\pi}{12}$ D) $\dfrac{\pi}{24}$ E) $\dfrac{\pi}{30}$

8. $\displaystyle\int_0^{\pi/2} \cos^2 x\, dx = ?$

A) π B) $\dfrac{\pi}{2}$ C) $\dfrac{\pi}{4}$ D) $\dfrac{\pi}{6}$ E) 8

9. $\displaystyle\int_{1}^{e^2} x \cdot \ln x \cdot dx = ?$

A) $\dfrac{e^2 - 1}{4}$ B) $\dfrac{4e^4 - e^4 + 1}{4}$ C) $\dfrac{4e^4 - e^2}{4}$

D) $\dfrac{3e^2 + 1}{4}$ E) $\dfrac{e^4 - 4e^2 + 1}{4}$

10. $\displaystyle\int_{0}^{1} \dfrac{2x}{3x + 4}\, dx = ?$

A) $\dfrac{3}{2}(1 + \ln 256)$ B) $\dfrac{1}{3}(1 + \ln 64)$ C) $\dfrac{2}{3}(1 + \ln 8)$

D) $\dfrac{2}{3}\left(1 + \dfrac{4}{3}.\ln\dfrac{4}{7}\right)$ E) $\dfrac{2}{3}(1 + \ln 2)$

11. $\displaystyle\int_{\pi/6}^{\pi/4} \sqrt{1 - \cos 2x}\; dx = ?$

A) $\dfrac{\sqrt{6} + 2}{2}$ B) $\dfrac{\sqrt{6} - 1}{4}$ C) $\dfrac{\sqrt{6} + 1}{2}$ D) $\dfrac{\sqrt{6} - 1}{2}$ E) $\dfrac{\sqrt{6} - 2}{2}$

12. $\displaystyle\int_{0}^{\sqrt{3}} \dfrac{x^2 - 1}{x^2 + 1}\, dx = ?$

A) $\sqrt{3} - \dfrac{\pi}{3}$ B) $\sqrt{3} - \dfrac{\pi}{2}$ C) $\sqrt{3} - \dfrac{\pi}{6}$

D) $\sqrt{3} - \dfrac{2\pi}{3}$ E) $\sqrt{3} - \dfrac{\pi}{4}$

13. $\displaystyle\int_{1}^{e^2} \dfrac{\ln x}{x}\,dx = \;?$

A) -4 B) -2 C) 2 D) 4 E) 6

14. $\displaystyle\int_{0}^{\pi/2} x \cdot \cos x\,dx = \;?$

A) $\pi - 1$ B) $\dfrac{\pi}{2} - 1$ C) $\dfrac{\pi}{2} - 2$ D) $\pi - 2$ E) $\dfrac{\pi}{3} - 1$

15. $\displaystyle\int_{0}^{\ln 3} \dfrac{e^x}{e^x + 1}\,dx = \;?$

A) $\ln 2$ B) $\ln 4$ C) $\ln \dfrac{1}{2}$ D) $\ln 2\dfrac{1}{4}$ E) $\ln 8$

16. $\displaystyle\int_{1}^{\sqrt{3}} \dfrac{dx}{1 + x^2} = \;?$

A) $\dfrac{\pi}{24}$ B) $\dfrac{\pi}{12}$ C) $\dfrac{\pi}{6}$ D) $\dfrac{\pi}{3}$ E) $\dfrac{\pi}{2}$

17. $\displaystyle\int_{1}^{2}\dfrac{2}{x^2+2x}\,dx = ?$

A) $\ln\dfrac{1}{4}$ B) $\ln\dfrac{1}{2}$ C) $\ln\dfrac{3}{2}$ D) $\ln\dfrac{5}{2}$ E) $\ln 3$

18.

Shaded area = $?unit^2$

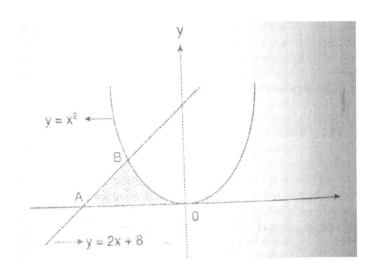

A) 4 B) $\dfrac{14}{3}$ C) $\dfrac{16}{3}$ D) 6 E) $\dfrac{20}{3}$

19. $f'(x) = 4x^3 - 3x^2 - 1$ ve $f(1) = 2 \Rightarrow f(3) = ?$

A) 24   B) 25   C) 26   D) 48   E) 54

20. $\int (2x - 1) \cdot f(x) \, dx = x^3 + x^2 - 3x + c \Rightarrow f(3) = ?$

A) 4   B) 5   C) 6   D) 7   E) 8

21. $f^{-1}(x) = \dfrac{3x - 1}{x + 4} \Rightarrow \int_{-1}^{1} d(f(x)) = ?$

A)$\dfrac{11}{4}$ B)$\dfrac{13}{4}$ C)$\dfrac{15}{4}$ D)$\dfrac{17}{4}$ E) 3

22. $\int_{-1}^{2} \dfrac{f'(x)}{f(x)} \, dx = ?$

A) $\ln \dfrac{e}{2}$ B) $\ln \dfrac{2}{e}$ C) $\ln 2e$ D) $\ln e^2$ E) $\ln 2 + 1$

23. $\int \dfrac{2x + 1}{2x - 1} \, dx = f(x), \ f(1) = 1 \Rightarrow f(3) = ?$

A) $2 + \ln 3$ B) $3 + \ln 2$ C) $3 + \ln 5$ D) $5 + \ln 5$ E) $5 + \ln 4$

24. $\displaystyle\int_{1}^{3} x \cdot y \cdot dy = 9 \Rightarrow x = ?$

A) 2   B)$\dfrac{9}{4}$ C)$\dfrac{5}{2}$ D)$\dfrac{11}{4}$ E) 3

25. $\displaystyle\int_{9}^{16} \dfrac{dx}{\sqrt{x}+x} = ?$

A) $\ln\dfrac{9}{25}$ B) $\ln\dfrac{16}{25}$ C) $\ln\dfrac{16}{9}$ D) $\ln\dfrac{9}{16}$ E) $\ln\dfrac{25}{16}$

26. $\displaystyle\int_{1}^{2} 5^{-2x+3}\, dx = ?$

A)$\dfrac{12}{5\ln 5}$ B)$\dfrac{5}{12\ln 5}$ C)$\dfrac{12}{3\ln 5}$ D) $\ln\dfrac{9}{16}$ E) $\ln\dfrac{25}{16}$

27. $\displaystyle\int \dfrac{x-3}{x^2-4x-5}\, dx = ?$

A) $\ln\left|\dfrac{x-3}{x^2-4x-5}\right| + c$ B) $\ln\sqrt{(x+1)^3\,|x-5|} + c$

C) $\ln\left|x^2-4x-5\right| + c$ D) $\ln\sqrt[3]{\dfrac{(x+1)^2}{x-5}} + c$

E) $\ln \sqrt[3]{(x + 1)^2 |x - 5|} + c$

28. $\displaystyle\int \frac{2x^2 + 4x + 1}{2x^2 + 1}\, dx = \ ?$

A) $x + \ln |2x^2 + 1| + c$ B) $x - \ln |x^2 + 1| + c$

C) $x - \ln |2x^2 + 1| + c$ D) $x + \ln |x^2 + 1| + c$

E) $2x + \ln |2x^2 + 1| + c$

Answers					
1. B	2. C	3. D	4. E	5. A	6. E
7. D	8. C	9. B	10. D	11. E	12. D
13. C	14. B	15. A	16. B	17. C	18. E
19. E	20. C	21. B	22. A	23. C	24. B
25. E	26. A	27. E	28. A		

Integral

Test 3

1. $\int (x^2 + 3x)^2 \cdot (2x + 3)dx = \,?$

A) $\dfrac{(x^2 + 3x)^3}{3} + x^2 + c$ B) $(x^2 + 3x)^3 + c$ C) $\dfrac{(x^2 + 3x)^3}{3} + c$

D) $\dfrac{(2x + 3)^3}{3} + c$ E) $4(x^2 + 3x)^3 + c$

2. $\int \dfrac{x\,dx}{(x^2 + 4)^3} = \,?$

A) $-\dfrac{1}{(x^2 + 4)^2} + c$ B) $\ln (x^2 + 4) + c$ C) $arctan(2x)$

D) $-\dfrac{1}{4(x^2 + 4)^2} + c$ E) $(x^2 + 4)^{-3} + c$

3. $\int \dfrac{\sin x}{\cos^2 x}dx = \,?$

A) $sec x + c$ B) $tan x + c$ C) $cot x + c$

D) $cosec\, x + c$ E) $\sin x + c$

4. $\int \dfrac{e^x - e^{-x}}{2} \, dx = ?$

A) $\dfrac{1}{2}\left(e^x - e^{-x}\right) + c$ B) $\left(e^x + e^{-x}\right) + c$ C) $\dfrac{1}{2}\left(e^x + e^{-x}\right) + c$

D) $\left(e^x - e^{-x}\right) + c$ E) $\left(e^{2x} + e^{-2x}\right) + c$

5. $\int \dfrac{x}{x+1} \, dx = ?$

A) $\ln|x+1| + c$ B) $x + \ln|x+1| + c$ C) $\dfrac{1}{2}\ln|x+1| + c$

D) $x \cdot \ln|x+1| + c$ E) $x - \ln|x+1| + c$

6. $\int \dfrac{dx}{x^2 + 6x + 10} = ?$

A) $\dfrac{1}{2}\arctan(x+3) + c$

B) $\arctan(x+3) + c$ C) $2\arctan(x+3) + c$

D) $\arcsin(x+3) + c$ E) $\arccos(x+1) + c$

7. $\int \dfrac{dx}{\sqrt{4-(x-3)^2}} = ?$

A) $\arcsin (x-3) + c$

B) $\dfrac{1}{2} \arcsin x + c$

C) $\dfrac{1}{2} \arcsin \left(\dfrac{x-3}{2}\right) + c$

D) $\arccos \left(\dfrac{x-3}{2}\right) + c$

E) $\arcsin \left(\dfrac{x-3}{2}\right) + c$

8. $\int \dfrac{dx}{9x^2 + 4} = ?$

A) $\arctan\dfrac{3x}{4} + c$

B) $\dfrac{1}{3}\arctan\dfrac{3x}{2} + c$

C) $\dfrac{1}{6}\arctan\dfrac{3x}{2} + c$

D) $\dfrac{1}{4}\arctan\dfrac{x}{2} + c$

E) $\dfrac{1}{9}\arctan\dfrac{2x}{3} + c$

9. $\int \dfrac{5\,dx}{x^2 - 3x - 4} = ?$

A) $5 \ln |x^2 - 3x - 4| + c$

B) $\ln \left|\dfrac{x-4}{x+1}\right| + c$

C) $\dfrac{1}{5}\ln \left|\dfrac{x-4}{x+1}\right| + c$

D) $\ln |x^2 - 3x - 4| + c$

E) $\arctan \left|\dfrac{x-4}{x+1}\right| + c$

10. $\displaystyle\int_{1}^{\sqrt{3}} \frac{2x+1}{x^2+1}\,dx = \ ?$

A) $\ln 4 + \dfrac{\pi}{6}$ B) $\ln 2 + \dfrac{\pi}{2}$ C) $\ln 4 + \dfrac{\pi}{12}$

D) $\ln 2 + \dfrac{\pi}{12}$ E) $\ln 2 + \dfrac{\pi}{3}$

11. $\displaystyle\int_{-2}^{0} x\sqrt{2x^2+1}\,dx = \ ?$

A) -10 B) -5 C) $-\dfrac{13}{3}$ D) $-\dfrac{7}{2}$ E) $\dfrac{14}{3}$

12. $\displaystyle\int_{0}^{\pi/4} \sqrt{1-\cos 2x}\,dx = \ ?$

A) $\sqrt{2}+1$ B) $\dfrac{\sqrt{2}}{2}+1$ C) $\sqrt{2}-1$ D) $\dfrac{\sqrt{2}}{2}-1$ E) $2\sqrt{2}$

13. $\displaystyle\int_{e}^{e^2} \frac{dx}{x(\ln x)^2} = \ ?$

A) $\dfrac{3}{2}$ B) $\dfrac{2}{3}$ C) $\dfrac{1}{2}$ D) $-\dfrac{1}{2}$ E) $\dfrac{3}{4}$

14. $\int_0^4 |x - 2| \, dx = ?$

A) – 2   B) – 4   C) 1   D) 2   E) 4

15. $\int_1^2 \frac{\ln x}{x} \, dx = ?$

A) ln 4   B) (ln 2)   C) (ln 2)^2 D) $\frac{1}{2}$ (ln 2)^2 E) $\frac{1}{4}$ (ln 2)^2

16. $\int_1^2 \frac{2x^3 - 3x^2 + 1}{x^2} \, dx = ?$

A) $\frac{1}{2}$ B) 1   C) $\frac{3}{2}$ D) 2   E) $\frac{5}{2}$

17. $\int_{1-e}^2 \frac{dx}{x + e} = ?$

A) e B) 1 + ln 2   C) ln (2 + e)   D) 2 + ln 2   E) 2e

18. $\displaystyle\int_0^{\pi/4} \cos^2 x \, dx = ?$

A)$\dfrac{\pi}{2} + 1$ B)$\dfrac{1}{2} + \dfrac{\pi}{2}$ C)$\dfrac{1}{4} + \dfrac{\pi}{8}$ D)$\dfrac{1}{2} + \pi$ E) $-\pi$

19. $\displaystyle f(x) = \int_0^{\cos x} t \cdot dt \Rightarrow f'\left(\dfrac{\pi}{6}\right) = ?$

A)$\dfrac{\sqrt{2}}{2}$ B)$-\dfrac{\sqrt{3}}{4}$ C) $2\sqrt{3}$ D)$\dfrac{\sqrt{3}}{2}$ E) 0

20. $\displaystyle\int x^2 \ln x \cdot dx = ?$

A) $\dfrac{x^2}{2}\ln x - \dfrac{x^3}{3} + c$ B) $\dfrac{x^3}{3}\ln x - \dfrac{x^3}{9} + c$ C)$\ln x - \dfrac{x^3}{9} + c$

D) $x^3 \cdot \ln x - x^3 + c$ E) $x^2\ln x - x\ln x + c$

Answers					
1. C	2. D	3. A	4. C	5. E	6. B
7. E	8. C	9. B	10. D	11. C	12. C
13. C	14. E	15. D	16. A	17. C	18. C
19. B	20. B				

Integral

Test 4

1. $\int 3x^2 + 2\sqrt{x} + 4\,dx = ?$

A) $x^3 + 4\sqrt{x^3} + 4x + C$ B) $3x^3 + \sqrt{x} + 4x + C$

C) $x^3 + \dfrac{4}{3}\sqrt{x^3} + 4x + C$ D) $x^3 + 3\sqrt{x^3} + 4x + C$

E) $x^3 + 3\sqrt{x^3} + 4 + C$

2. $\int \dfrac{3x^2 + 4}{(x^3 + 4x)^2}\,dx = ?$

A)$\ln|x^3 + 4x| + C$ B)$\ln|3x^2 + 4| + C$ C) $x^3 + 4x + C$

D) $-x^3 - 4x + C$ E) $-\dfrac{1}{x^3 + 4x} + C$

3. $\int x^2(x^3 + 1)^2\,dx = ?$

A)$\dfrac{(x^3 + 1)^3}{3} + C$ B)$\dfrac{(x^3 + 1)^3}{9} + C$ C)$\dfrac{(x^3 + 1)^2}{3} + C$

D)$\dfrac{(x^3 + 1)^2}{9} + C$ E) $3x + 1 + C$

4. $\int (e^{3x} + 5^{2x}) \, dx = \, ?$

A) $e^{3x} + 2 \cdot 5^{2x} \ln 5 + C$ B) $\dfrac{e^{3x}}{3} + \dfrac{2 \cdot 5^{2x}}{\ln 5} + C$

C) $\dfrac{e^{2x}}{3} + \dfrac{5^{2x}}{2\ln 5} + C$ D) $\dfrac{e^{3x}}{3} + \dfrac{5^{2x}}{2\ln 5} + C$

E) $e^{3x} + \dfrac{\ln 5 \cdot 5^{2x}}{2} + C$

5. $\int \dfrac{\cos x}{2 + \sin x} \, dx = \, ?$

A) $\dfrac{1}{(2 + \sin x)^2} + C$

B) $\ln (2 + \sin x) + C$ C) $2\ln (2 + \sin x) + C$

D) $\dfrac{1}{\ln (2 + \sin 2x)} + C$ E) $\ln (\cos x)^2 + C$

6. $\int \dfrac{\cos x}{1 + \sin^2 x} \, dx = \, ?$

A) $\arctan x + C$ B) $\operatorname{arccot} x + C$ C) $\arctan (\sin x) + C$

D) $\arctan (\sin x) + C$ E) $\arcsin x + C$

7. $\int \dfrac{\ln(\sin x) \cdot \cos x}{\sin x}\, dx = ?$

A) $\dfrac{\ln|\cos x|}{2} + C$ B) $\dfrac{\ln|\sin x|}{2} + C$ C) $\dfrac{\ln^2|\sin x|}{2} + C$

D) $\dfrac{\ln|\arcsin x|}{2} + C$ E) $\dfrac{\ln|\sin x| + \cos x}{2} + C$

8. $\int \dfrac{2x + 1}{x}\, dx = ?$

A) $2x + \ln|x| + C$ B) $2 + \ln|x| + C$ C) $\dfrac{2}{x^2} + C$

D) $\dfrac{x^2}{2} + \ln|x| + C$ E) $2x + \ln x^2 + C$

9. $\int (x^2 y + e^x y + e^y)\, dy = ?$

A) $\dfrac{x^{3y}}{3} + e^x y + x e^y + C$ B) $\dfrac{x^2 y^2}{2} + e^x y + e^y + C$

C) $\dfrac{y^2(x^2 + e^x)}{2} + e^y + C$ D) $x^2 y + \dfrac{e^x y^2}{2} + C$

E) $\dfrac{x^2 + y^2}{2} + \dfrac{e^x y^2}{2} + x e^y + C$

10. $\int \cos(\cos^2 x) \cdot \sin 2x \, dx = ?$

A) $-\sin(\cos^2 x) + C$　　B) $-\cos(\cos^2 x) + C$

C) $\sin(\cos^2 x) + C$

D) $-2\sin(\cos x) + C$　　E) $-\sin(\cos x) + C$

11. $\int (2x + 1) f(x)dx = 2x^3 + 5x^2 + 10x + C \Rightarrow f(-1) = ?$

A) -12　　B) -8　　C) -6　　D) 3　　E) 12

12. $\int \dfrac{x^2 \arctan x^3}{1 + x^6} \, dx = ?$

A) $\dfrac{(\arctan x^3)}{3} + C$　　B) $\dfrac{\arctan x^2}{6} + C$　　C) $\dfrac{(\arctan x^3)^2}{3} + C$

D) $\dfrac{(\arctan x^3)^2}{6} + C$　　E) $\dfrac{(\arctan x^3)^2}{2} + C$

13. $\int \dfrac{1}{\sqrt{81 - 9x^2}} \, dx = ?$

A) $\arctan \dfrac{x}{3} + C$ B) $\dfrac{\arctan \dfrac{x}{3}}{9} + C$ C) $\dfrac{\arctan \dfrac{x}{3}}{2} + C$

D) $\dfrac{\arctan \dfrac{x}{3}}{3} + C$ E) $\dfrac{1}{3}\arcsin \dfrac{x}{3} + C$

14. $\displaystyle\int \dfrac{1}{x^2 + 6x + 10}\, dx = ?$

A) $\arcsin (x + 3) + C$

B) $2\arctan (x + 3) + C$ C) $\dfrac{\arctan(x + 3)}{2} + C$

D) $\dfrac{\arcsin(x + 3)}{2} + C$ E) $\arctan (x + 3) + C$

15. $\displaystyle\int \dfrac{e^{\tan x}}{\cos^2 x}\, dx = ?$

A) $\arctan (\cos x) + C$ B) $\tan (\cos x) + C$ C) $e^{\sin^2 x} + C$

D) $e^{\cos^2 x} + C$ E) $e^{\tan x} + C$

16. $\displaystyle\int \dfrac{2^x}{2^{x+1} + 4^x + 1}\, dx = ?$

$$A) \frac{\arctan 2^x}{\ln 2} + C \qquad B) \frac{\sin 2^x}{\ln 2} + C \qquad C) \frac{\arctan(2^x + 1)}{\ln 2} + C$$

$$D) \frac{1}{\ln 2 \cdot (2^x + 1)} + C \qquad E) - \frac{1}{\ln 2 \cdot 2^x} + C$$

Answers					
1. C	2. E	3. B	4. D	5. B	6. C
7. C	8. A	9. C	10. A	11. C	12. D
13. E	14. E	15. E	16. D		

Integral

Test 5

1. $\int \dfrac{1}{4 + 64x^2}\, dx = ?$

A) $\dfrac{\arcsin 16x}{16} + C$ B) $\dfrac{\arctan 4x}{16} + C$ C) $\dfrac{\arctan 64x}{16} + C$

D) $\dfrac{\arctan 16x}{64} + C$ E) $\dfrac{\arcsin 4x}{4} + C$

2. $\int \dfrac{-\sin x}{\sqrt{2 - \cos^2 x}}\, dx = ?$

A) $\sqrt{2}\arctan\left(\dfrac{\cos x}{\sqrt{2}}\right) + C$ B) $\sqrt{2}\arcsin\left(\dfrac{\cos x}{\sqrt{2}}\right) + C$

C) $\arcsin\left(\dfrac{\cos x}{\sqrt{2}}\right) + C$ D) $\dfrac{\arcsin\left(\dfrac{\cos x}{\sqrt{2}}\right)}{\sqrt{2}} + C$

E) $-\sqrt{2}\arcsin\left(\dfrac{\cos x}{\sqrt{2}}\right) + C$

3. $\int x \cdot \log_5 e^{x^2}\, dx = ?$

A) $\dfrac{x^4}{4\ln 5} + C$ B)$\dfrac{x^3}{3}\log_5 e + C$ C)$\dfrac{x^4}{4} \cdot \log_5 e^{x^2} + C$

D) $2\log_5 e^{x^2} + C$ E) $\dfrac{2 \cdot \log_5 e^{x^2}}{\ln 5} + C$

4.$0 < x < \dfrac{\pi}{2}$

$$\int 3\sin^2 (\pi - x) \cdot \cos (\pi + x)dx = \ ?$$

A)$\dfrac{\sin^3 x}{3} + C$ B)$\dfrac{\cos^3 x}{3} + C$ C)$\dfrac{\tan^2 x}{2} + C$

D) $-\dfrac{\sin^3 x}{3} + C$ E) $-\sin^3 x + C$

5. $0 < x < \dfrac{\pi}{2}$

$$\int \sqrt{36 - 4x^2}\, dx = \ ?$$

A) $x \cdot \sqrt{9 - x^2} + \arcsin\dfrac{x}{3} + C$ B) $9x \cdot \sqrt{9 - x^2} + \arcsin\dfrac{x}{3} + C$

C) $x \cdot \sqrt{9 - x^2} + 9\arcsin\dfrac{x}{3} + C$ D) $x \cdot \sqrt{9 - x^2} + \dfrac{x}{3} + C$

E) $x \cdot \sqrt{9 - x^2} + \arcsin x + C$

6. $\int \dfrac{x^2 + 3x + 1}{x^2 + x} dx = ?$

A) $\arctan |x^2| + C$ B) $\ln |x^2 + x| + C$ C) $x + \ln |x^2 + x| + C$

D) $\dfrac{x^2 + \ln |x^2 + x|}{x} + C$ E) $(2x + 1) \cdot \ln |x| + C$

7. $\int \dfrac{1 - \sqrt{x}}{2\sqrt{x}} dx = ?$

A) $\dfrac{(1 - \sqrt{x})^2}{2} + C$ B) $\sqrt{x} - \dfrac{1}{2}x + C$ C) $(\sqrt{x} + 1)^2 + C$

D) $\dfrac{x + \sqrt{x}}{2} + C$ E) $\dfrac{1 + \sqrt{2}\, x}{2} + C$

8. $\int \dfrac{dx}{\sqrt{x} + x} = ?$

A) $2\sqrt{x} - \ln (1 + \sqrt{x}) + C$

     B) $2\ln (1 + \sqrt{x}) + C$ C) $x - \ln (1 + \sqrt{x}) + C$

D) $\dfrac{\ln (1 + \sqrt{x})}{2} + C$ E) $2\ln \left(\dfrac{1 + (x)}{x} \right) + C$

9. $f(x) = \int \left(\cos^2 x + \cos 2x - \dfrac{1}{2} \right) dx$ ve $(and) f(0) = 0$

82

$$\Rightarrow f\left(\frac{\pi}{4}\right) = ?$$

A) 1   B)$\frac{3}{4}$ C)$\frac{7}{4}$ D)$\frac{9}{2}$ E)$\frac{9}{4}$

10. $\int \dfrac{1}{x^2 + 5x + 6}\, dx = ?$

A)$\ln\left(\dfrac{x+1}{x+2}\right) + C$ B) $\ln\left(\dfrac{x+3}{x+2}\right) + x + C$ C) $\ln\left(\dfrac{x+2}{x+3}\right) + C$

D)$\ln\left(\dfrac{x^3}{3} + \dfrac{5x^2}{2} + 6x\right) + C$ E)$\ln\left(x^2 + 5x + 6\right) + C$

11. $\int \dfrac{1}{x^2 + 8x + 17}\, dx = ?$

A)$\arctan(x+4) + C$ B)$\operatorname{arccot}(x+4) + C$ C)$\ln(x+4) + C$

D)$\arcsin(x+4) + C$ E)$\ln(x+4)^2 + C$

12. $\int \dfrac{\cot x}{\ln|\sin x|}\, dx = ?$

A)$\ln|\sin x| + C$ B)$\ln|\ln|\sin x|| + C$ C)$\ln|\cos x| + C$

D)$\dfrac{1}{\ln|\sin x|} + C$ E) $1 + \ln|\sin x| + C$

13. $\int \sin^6 x \cdot \cos^3 x \, dx = \ ?$

A)$\dfrac{\sin^7 x}{7} + \dfrac{\cos^4 x}{4} + C$

B)$\sin^9 - \sin^7 + C$ C)$\dfrac{\sin^7 x}{7} - \dfrac{\sin^9 x}{9} + C$

D)$\dfrac{\sin^7}{7} - \dfrac{\cos^8 x}{9} + C$ E)$\dfrac{\tan^7}{7} + C$

14. $\int \dfrac{\sqrt[3]{2x+7} - \sqrt{2x+7}}{2x+7} \, dx = \ ?$

A) $\sqrt[6]{2x+7} + C$ B) $\sqrt[6]{(2x+7)^2} - \sqrt[6]{(2x+7)^3} + C$

C)$\dfrac{3}{2}\sqrt[3]{(2x+7)} - \sqrt{(2x+7)} + C$ D)$\dfrac{3}{2}\sqrt{(2x+7)} - \sqrt[3]{(2x+7)} + C$

E)$\dfrac{3}{2}\sqrt[3]{(2x+7)^2} + \sqrt{(2x+7)} + C$

15. $\int \dfrac{1}{\sqrt{(x - x^2)}} \, dx = \ ?$

A)$\arcsin \dfrac{x}{2} + C$ B) $2\arcsin \dfrac{3x}{2} + C$ C)$\arctan \sqrt{x} + C$

D)$\arcsin \sqrt{x} + C$ E) $2\arcsin \sqrt{x} + C$

Answers					
1. B	2. C	3. A	4. E	5. C	6. C
7. B	8. B	9. B	10. C	11. A	12. A
13. C	14. C	15. E			

Integral

Test 6

1. $F(x) = \displaystyle\int_{0}^{\sqrt{x}} (t+2)^{1/2}\, dt \Rightarrow F'(4) = ?$

A) 2   B) 1   C)$\dfrac{1}{2}$ D)$\dfrac{1}{4}$ E)$\dfrac{1}{8}$

2. $F(x) = \displaystyle\int_{1}^{2x} \cos(t^2)\, dt \Rightarrow F'\left(\dfrac{\sqrt{2\pi}}{4}\right) = ?$

A) $-\dfrac{1}{2}$ B) $-\dfrac{\sqrt{2}}{2}$ C) 0   D)$\dfrac{\sqrt{2}}{2}$ E)$\dfrac{1}{2}$

3. $F(x) = \displaystyle\int_{\sin x}^{0} \dfrac{dt}{2+t} \Rightarrow F'\left(\dfrac{5\pi}{6}\right) = ?$

A) $-\dfrac{\sqrt{3}}{2}$ B) $-\dfrac{1}{3}$ C)$\dfrac{1}{3}$ D)$\dfrac{\sqrt{3}}{3}$ E)$\dfrac{\sqrt{3}}{5}$

4. $F(x) = \displaystyle\int_{x}^{x^2} \ln(t)\, dt \Rightarrow F'(e) = ?$

A) $4e - 1$ B) $2e - 1$ C) 3   D) 2   E) $4e + 1$

$$5.F(x) = \int_{x}^{\ln x} e^t \, dt \Rightarrow F'(1) = \,?$$

A) $1 + e$ B) $1 - e$ C) e D) 0 E) 1

$$6. \ F(x) = \int_{x}^{x^2} \frac{\ln t}{2 + \ln^2 t} \, dt \Rightarrow F'(e) = \,?$$

A) $\dfrac{2e}{3}$ B) $\dfrac{2}{3}$ C) $\dfrac{2e + 1}{4}$ D) $\dfrac{2e - 1}{3}$ E) $\dfrac{2e + 1}{4}$

$$7. \int \sin x \cdot f(x) \, dx = \sin^2 x - \cos^2 x + x \Rightarrow f\left(\frac{\pi}{3}\right) = \,?$$

A) 2 B) $\dfrac{2\sqrt{3}}{3}$ C) $2 + \dfrac{2\sqrt{3}}{3}$ D) $\dfrac{2\sqrt{3} + 1}{3}$ E) $\sqrt{3} + \dfrac{2}{3}$

$$8. \int x \cdot f(x) \, dx = x^3 + 3ax^2 - 2x + 4$$

$$f(2) = 9 \Rightarrow a = \,?$$

A) 2 B) $\dfrac{1}{2}$ C) $\dfrac{1}{4}$ D) $\dfrac{2}{3}$ E) $\dfrac{3}{4}$

9. $\int f(x)\, dx = arctan(2x) + sin\dfrac{\pi}{2}x - \dfrac{\sqrt{2}\pi}{4}x$

$\Rightarrow f\left(\dfrac{1}{2}\right) = ?$

A) 1   B) $1 + \dfrac{\pi\sqrt{2}}{2}$ C) $1 - \dfrac{2\sqrt{2}}{4}$ D)$\dfrac{1}{2}$ E) $1 + \dfrac{\pi}{2}$

10. $F(x) = \displaystyle\int_{0}^{2x} sin\left(\dfrac{\pi}{4}t\right) dt \Rightarrow F'(1) = ?$

A) 1   B)$\dfrac{3}{2}$ C) 2   D) 3   E)$\dfrac{7}{2}$

11. $\int sec^2x\, f(x)\, dx = tan^2 x(1 + tan\, x) + x \Rightarrow f\left(\dfrac{\pi}{4}\right) = ?$

A) 3   B) 5   C)$\dfrac{11}{2}$ D)$\dfrac{13}{2}$ E)$\dfrac{15}{2}$

12. $\dfrac{df(x)}{dx} = 3x - 4 \ ve \ (and) f(-1) = \dfrac{13}{2} \Rightarrow f(x) = ?$

A) $y = \dfrac{3x^2}{2} - 4x + 2$ B) $y = \dfrac{3x^2}{2} - 4x + 1$ C) $y = \dfrac{3x^2}{2} - 4x + 3$

D) $y = \dfrac{1}{2} - x^3 - 2x^2 - 2$ E) $y = x^2 - 4x + 6$

13. $\dfrac{d^2 f(x)}{dx^2} = x^2 - 2x, \dfrac{df(1)}{dx} = 0, f(1) = 1 \Rightarrow f(x) = ?$

A) $f(x) = -\dfrac{1}{6}x^3 - \dfrac{1}{3}x^2 + \dfrac{4}{3}x + 2$

B) $f(x) = -\dfrac{1}{12}x^3 - \dfrac{1}{6}x^2 + \dfrac{4}{3}x + 1$

C) $f(x) = -\dfrac{1}{12}x^3 - \dfrac{1}{3}x^2 + \dfrac{4}{3}x - \dfrac{1}{24}$

D) $f(x) = -\dfrac{1}{12}x^4 - \dfrac{1}{3}x^3 + \dfrac{4}{3}x + \dfrac{1}{12}$

E) $f(x) = -\dfrac{1}{12}x^4 - \dfrac{1}{3}x^3 + \dfrac{1}{2}x^2 + \dfrac{4}{3}x + \dfrac{1}{12}$

14. $\dfrac{d^3 f(x)}{dx^3} = e^x + 1, \dfrac{d^2 f(0)}{dx^2} = 1, \dfrac{df(0)}{dx} = 2, f(0) = 3$

$\Rightarrow f(x) = ?$

A) $f(x) = e^x + \dfrac{x^2}{3} + x + 9$ 	 B) $f(x) = e^x + \dfrac{x^2}{3} + 3x + 6$

C) $f(x) = 2e^x + \dfrac{x \cdot e^x}{3} + x^2 \cdot e^x + 12$

D) $f(x) = e^x + \dfrac{e^{2x}}{3} + x \cdot e^x + 6$

E) $f(x) = e^x + \dfrac{1}{6}x^3 + x + 2$

15. $\dfrac{df(x)}{dx} = x^2 - x, f(3) = 4 \Rightarrow f(1) = $?

A) 2   B)$\dfrac{3}{2}$ C)$\dfrac{1}{3}$ D) $-\dfrac{2}{3}$ E) -2

16. $F(x) = \displaystyle\int (x^2 - 1)e^{x^3 - 3x}\, dx$, $F(\sqrt{3}) = 3 \Rightarrow F(x) = $?

A) $e^{x^3 - 3x} + \dfrac{3}{4}$ B)$\dfrac{1}{3}e^{x^3 - 3x} + \dfrac{8}{3}$ C) $(x^2 - 1)e^{x^2 - 1} + 7$

D)$\dfrac{1}{2}e^{x^2 - 1} + \dfrac{9}{4}$ E)$\dfrac{1}{3}e^{x^3 - 3x} + \dfrac{11}{3}$

17. $f(x) = \dfrac{2x}{x^2 + 5}, f(1) = \dfrac{1}{3}$ ve (and) $\displaystyle\int d\left(\dfrac{2x}{x^2 + 5}\right) = \dfrac{3}{7}$

$\displaystyle\sum x = $?

A) 4   B)$\dfrac{13}{3}$ C)$\dfrac{14}{3}$ D) 5   E)$\dfrac{7}{3}$

18. $f(x) = \displaystyle\int \dfrac{1}{x\ln x}\, dx$ ve (and) $f(e) = 6 \Rightarrow f(x) = $?

A)ln $\dfrac{x + 6}{}$
   B)$\ln^2 x + 6$ C) $2\ln x + 3$ D)$\ln(\ln x) + 6$ E) $x^2\ln x + 9$

Answers					
1. C	2. C	3. E	4. A	5. B	6. D
7. C	8. D	9. A	10. C	11. C	12. B
13. D	14. E	15. D	16. B	17. C	18. D

Integral

Test 7

1. $\int_{-2}^{1} |x|\, dx = ?$

A)$\frac{7}{2}$ B) 4   C) 3   D)$\frac{11}{4}$ E)$\frac{5}{2}$

2. $\int_{1}^{3} (x+1)e^{x^2+2x}\, dx = ?$

A)$\frac{e^3}{2}(e^{12}-1)$ B)$\frac{e^2}{3}(e^9-1)$ C)$\frac{e^{12}}{3}-1$

D) $e^{15}-15$ E)$\frac{1}{2}e^3(e^9+1)$

3. $\int_{4}^{6} \frac{2}{(x-3)^3}\, dx = ?$

A) 2   B)$\frac{3}{2}$ C) 1   D)$\frac{2}{3}$ E)$\frac{3}{4}$

4. $\displaystyle\int_{1/2}^{3} \frac{1}{x^2}\, dx = ?$

A) $-\frac{1}{3}$ B) $-\frac{1}{6}$ C) 2   D)$\frac{5}{3}$ E)$\frac{5}{4}$

5. $\displaystyle\int_{3}^{4} \frac{e^{\ln x}}{x}\, dx = ?$

A) $2 \cdot \ln 2$ B) 0   C) 3   D) 2   E) 1

6. $\displaystyle\int_{0}^{2} x^2\, e^{x^3}\, dx = ?$

A)$\frac{1}{3}(e^6 - 1)$ B)$\frac{e}{3}(e^6 - 1$ C)$\frac{1}{3} e^9 - 1$

D) $e^6 - 1$ E)$\frac{1}{6}(e^6 - 1)$

7. $\displaystyle\int_{1}^{2} x \ln x\, dx = ?$

A)ln 2 − 1   B)$\dfrac{5}{4}$ C)ln 4 − 3

D)ln 4 − $\dfrac{3}{4}$ E)ln 8 − $\dfrac{1}{2}$

8. $\displaystyle\int_0^1 \dfrac{dx}{4 - x^2} = ?$

A)$\dfrac{1}{2}$ln 3   B)$\dfrac{3}{4}$ C)$\dfrac{\pi}{3}$ D)$\dfrac{1}{4}$ln $\left(\dfrac{3}{4}\right)$ E)$\dfrac{\pi}{6}$

9. $\displaystyle\int_0^2 \dfrac{dx}{4 + x^2} = ?$

A)$\dfrac{1}{4}$ B)$\dfrac{1}{8}$ C)$\dfrac{\pi}{4}$ D)$\dfrac{\pi}{6}$ E)$\dfrac{\pi}{8}$

10. $\displaystyle\int \dfrac{dx}{\sqrt{4 - (x - 1)^2}} = ?$

A)arcsin $\left(\dfrac{x - 1}{2}\right) + C$ B) arcos $\left(\dfrac{x - 1}{2}\right) + C$

C)arcsec $\left(\dfrac{x - 1}{2}\right) + C$ D)arctan $\left(\dfrac{x - 1}{4}\right) + C$

E) arccosec $\left(\dfrac{x - 1}{4}\right) + C$

11. $\int \dfrac{dx}{x \cdot \sqrt{a^2 + x^2}} = ?$

A) $\dfrac{x}{a + \sqrt{a^2 - x^2}} + C$ B) $\dfrac{1}{a}\ln\left|\dfrac{x}{a + \sqrt{x^2 + a^2}}\right| + C$

C) $\dfrac{1}{a^2}\arcsin\left(\dfrac{x}{a + \sqrt{x^2 + a^2}}\right) + C$ D) $\dfrac{ax}{a + \sqrt{x^2 + a^2}} + C$

E) $\dfrac{1}{a^2}\ln\left|\dfrac{2x}{a + \sqrt{x^2 + a^2}}\right| + C$

12. $\displaystyle\int_{2\sqrt{2}}^{3} \dfrac{dx}{x\sqrt{9 - x^2}} = ?$

A) $\ln(\sqrt{6} + \sqrt{2}) - \ln 2$ B) $\dfrac{1}{2}\ln(2 + \sqrt{3})$ C) $\ln\sqrt{6} - \ln\sqrt{3}$

D) $\ln\sqrt{3} - 1$ E) $\ln\sqrt{2} + 1$

13. $\displaystyle\int_{0}^{\pi/8} \sec 2t\, dt = ?$

A) $\ln(\sqrt{6} + \sqrt{2}) - \ln 2$ B) $\ln(\sqrt{3} + 1) - \ln 2$

C) $\ln\sqrt{6} - \ln\sqrt{3}$ D) $\ln\sqrt{3} - 1$

E) $\ln\sqrt{2} + 1$

14. $\int \tan^2 4x \, dx = \, ?$

A)$\frac{1}{4}\tan^2 4x + x + C$ B)$\frac{1}{4}\tan^2 4x + 4x - x + C$

C)$\frac{1}{16}\tan 4x - x + C$ D)$\frac{1}{16}\tan^2 4x - 2x + C$

E)$\frac{1}{4}\tan 4x - x + C$

15. $\int_{e/3}^{e^6/3} \frac{dx}{x \ln(3x)} = \, ?$

A) 3   B)$\frac{1}{2}\ln 3$ C)$\ln 6$ D) 6   E)$\frac{3}{4}$

16. $\int \tan^3 x \cdot \sec x \, dx = \, ?$

A)$\frac{1}{3}\tan^3 x - \tan x + C$ B)$\frac{1}{4}\tan^3 x + \tan x + C$

C)$\frac{1}{4}\sec^4 x + \tan x + C$ D)$\frac{1}{3}\sec^3 x - \sec x + C$

E)$\frac{1}{2}\sec^2 x + \sec x + C$

Answers

1. E	2. A	3. E	4. D	5. E	6. A
7. D	8. D	9. E	10. A	11. B	12. B
13. B	14. E	15. C	16. D		

Integral

Test 8

1. $\dfrac{dy}{dx} = \dfrac{1}{9 + x^2} \Rightarrow \displaystyle\int_{0}^{3} dy = $?

A)$\dfrac{\pi}{6}$ B)$\dfrac{\pi}{9}$ C)$\dfrac{\pi}{12}$ D)$\dfrac{\pi}{18}$ E)$\dfrac{\pi}{24}$

2. $\displaystyle\int \dfrac{sin\, x}{2 - cos\, x} \, dx = $?

A) $2 + \cos x + C$ B) $\ln(2 - \cos x) + C$

C) $\ln(2 - \sin x) + C$ D) $2 - \ln(\cos x) + C$

E) $\ln(4 - \tan x) + C$

3. $\displaystyle \int \frac{x\,dx}{1 - x^2} = \;?$

A) $-\dfrac{1}{2}\ln|1 - x^2| + C$ B) $\dfrac{1}{2}\ln|1 - x^2| + C$

C) $\dfrac{1}{4}\ln|1 - x| - \dfrac{1}{4}\ln|1 + x| + C$

D) $\ln|x^2 - 1| + C$ E) $2\ln|x - 1| + C$

4. $\displaystyle \int (\ln x)^2 \frac{dx}{x} = \;?$

A) $\dfrac{1}{2}\ln x^2 + c$ B) $\dfrac{1}{3}(\ln x)^3 + c$ C) $\dfrac{1}{3}\ln x^3 + c$

D) $\dfrac{1}{6}(\ln x)^2 + c$ E) $3\ln x + c$

5. $\displaystyle \int e^{\sin x} \cos x\, dx = \;?$

A) $e^{\cos x} + C$ B) $e^{\tan x} + C$ C) $e^{\sin x} + x + C$

D) $e^{\cos x + 1} + C$ E) $e^{\sin x} + C$

6. $\displaystyle\int_{e}^{e^2} \frac{dx}{x \ln x} = ?$

A)$\dfrac{1}{2}$ B) 2   C) $-\ln 2$ D)$\ln 2$ E)$2\ln 2$

7. $\displaystyle\int_{0}^{\ln 2} e^{-2x}\, dx = ?$

A)$\dfrac{3}{4}$ B)$\dfrac{3}{8}$ C)$\dfrac{3}{16}$ D)$\dfrac{5}{6}$ E)$\dfrac{5}{8}$

8. $\displaystyle\int_{0}^{\pi/8} (\cos x) \cdot 4^{-\sin x} = ?$

A)$\dfrac{1}{\ln 16}$ B)$\dfrac{1}{\ln 8}$ C)$\dfrac{1}{\ln 4}$ D)$\dfrac{1}{\ln 2}$ E) $2\ln 2$

9. $\displaystyle\int_{0}^{3} x(e^{x^2-1}) = ?$

A)$\dfrac{e^9 + 1}{2e}$ B)$\dfrac{e^9 - 1}{e}$ C)$\dfrac{e^9 - 1}{2e}$

D)$\dfrac{e^6 - 1}{e}$ E)$\dfrac{1 - e^9}{4}$

10. $\int_{0}^{1} (e^x + 1)\, dx = ?$

A) 1   B) e C) $e + 1$ D) $e - 1$ E) $2e$

11. $\int \sec x\, dx = ?$

A)$\ln |\sec x + \tan x| + C$ B)$\ln |\sec x - \tan x| + C$

C)$\sec x \cdot \tan x + C$ D)$\sec x + \tan x + C$

E)$\dfrac{1}{2}|\sec x + \tan x| + C$

12. $\int_{0}^{\pi/6} \sec x\, dx = ?$

A)$\dfrac{2}{3}$ B)$\dfrac{1}{6}$ C)$\dfrac{1}{3}$ D)$-\dfrac{1}{3}$ E)$-\dfrac{2}{3}$

13. $\int_{\pi/6}^{\pi} \tan^3 2x\, dx = ?$

A)$\dfrac{3}{2}$ B)$\dfrac{\ln 2 + 3}{2}$ C)$\dfrac{\ln 4 - 3}{4}$

D)$\ln 4 + 1$ E)$\ln 2 - 1$

14. $\displaystyle\int_{0}^{\pi/4} \frac{sec^2 x}{2 + tan x}\, dx = ?$

A) 0   B) 1   C) 2   D) ln 2 – ln 3   E) ln 3 – ln 2

15. $\displaystyle\int_{\pi/18}^{\pi/6} sin^2 3x \cdot cos 3x\, dx = ?$

A) $\dfrac{3}{8}$ B) $\dfrac{5}{16}$ C) $\dfrac{9}{32}$ D) $\dfrac{11}{72}$ E) $\dfrac{7}{72}$

16. $\displaystyle\int_{0}^{\pi/3} \frac{sin^3 x}{cos^2 x}\, dx = ?$

A) $\dfrac{3}{2}$ B) 1   C) $\dfrac{3}{4}$ D) $\dfrac{1}{2}$ E) $\dfrac{1}{4}$

17. $\displaystyle\int_{0}^{1} \frac{dx}{\sqrt{4 - x^2}} = ?$

A) $\dfrac{1}{2}$ B) $\dfrac{\pi}{3}$ C) $\dfrac{\pi}{4}$ D) $\dfrac{\pi}{6}$ E) $\dfrac{\pi}{12}$

18. $\displaystyle\int_{0}^{2} \frac{x\, dx}{4 + x^2} = ?$

A) ln $\sqrt{2}$ B) ln 2   C) ln $\sqrt[3]{2}$ D) 2ln 2   E) 3ln 2

19. $\displaystyle\int_{0}^{\pi/4} \frac{sin\ \theta}{\sqrt{1 - cos^2\ \theta}}\ d\theta = \ ?$

A)$\dfrac{3}{2}$ B)$\dfrac{3}{4}$ C)$\dfrac{\pi}{4}$ D)$\dfrac{\pi}{12}$ E)$\dfrac{\pi}{18}$

Answers					
1. C	2. B	3. A	4. B	5. A	6. D
7. B	8. A	9. C	10. B	11. A	12. C
13. C	14. E	15. E	16. D	17. D	18. A
19. C					

Integral

Test 9

1. $\int_0^1 x^2 e^x \, dx = \ ?$

   A) $5e + 1$ B) $2e - 1$ C) $e - 2$ D) $e + 2$ E) $e - 4$

2. $\int_0^{2\sqrt{3}} \dfrac{(x^2 + 4) \cdot x}{(x^2 + 4)^2} \, dx = \ ?$

   A) 2 B) $\dfrac{5}{2}$ C) $4\ln 2$ D) $\ln 2$ E) $\ln \sqrt{2}$

3.

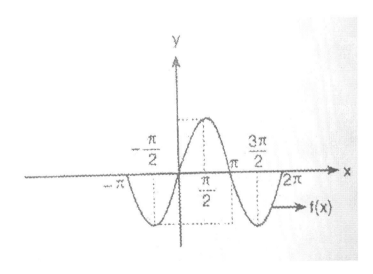

$$f(x) = \sin x \Rightarrow \int_{-\pi}^{2\pi} \sin x \, dx = \, ?$$

A) 6   B) 4   C) 3   D) 2   E) 1

4. $\int_{1}^{2} (2x + 5) \, dx = \, ?$

A) 6   B) 8   C) 9   D) 10   E) 12

5. $\int_{0}^{1} (x^2 - 2x + 2) \, dx = \, ?$

A) $\dfrac{7}{3}$ B) $\dfrac{5}{2}$ C) 3   D) $\dfrac{9}{2}$ E) 5

6. $\int_{-1}^{1} (x + 1)^2 \, dx = \, ?$

A) 3   B) $\dfrac{7}{2}$ C) 4   D) $\dfrac{17}{4}$ E) $\dfrac{13}{3}$

7. $\int_{0}^{2} \sqrt{4x + 1} \, dx = \, ?$

A) 3   B)$\frac{7}{2}$ C) 4   D)$\frac{17}{4}$ E)$\frac{13}{2}$

8. $\int_{0}^{1} \frac{dx}{(2x+1)^3} = ?$

A)$\frac{1}{3}$ B)$\frac{1}{6}$ C)$\frac{4}{9}$ D)$\frac{1}{12}$ E)$\frac{1}{15}$

9. $\int_{a}^{b} (4x+1)\, dx = 30$

$b - a = 6 \Rightarrow a + b = ?$

A) 12   B) 8   C) 5   D) 4   E) 2

10. $\int_{0}^{\pi/6} \frac{\sin 2x}{\cos^2 2x}\, dx = ?$

A) 3   B)$\frac{3}{2}$ C) 1   D)$\frac{1}{2}$ E)$\frac{1}{4}$

11. $\int_{0}^{\pi} \sin^2 x\, dx = ?$

A)$\dfrac{\pi}{2}$ B)$\dfrac{\pi}{3}$ C)$\dfrac{\pi}{4}$ D)$\dfrac{1}{4}$ E)$\dfrac{1}{2}$

12. $\displaystyle\int_{0}^{\pi/4} \cos^2 x \, dx = ?$

A)$\dfrac{\pi}{8}$ B)$\dfrac{\pi+2}{8}$ C)$\dfrac{\pi-2}{8}$ D)$\dfrac{\pi+4}{16}$ E)$\dfrac{\pi-4}{16}$

13. $\displaystyle\int_{\pi/4}^{\pi/2} \dfrac{\cos x}{\sin^2 x} \, dx = ?$

A) $\sqrt{2}$ B) $1 - \sqrt{2}$ C) $\sqrt{2} - 1$ D) $\sqrt{2} + 1$ E) $2\sqrt{2} - 1$

14. $\displaystyle\int_{0}^{1} \arcsin x \, dx = ?$

A) $\dfrac{\pi+1}{2}$ B) $\dfrac{\pi-2}{2}$ C) $\dfrac{\pi-2}{2}$ D) $\dfrac{\pi-1}{3}$ E) $\dfrac{\pi-4}{4}$

15. $\displaystyle\int_{0}^{1} (x^2 + 3)x \, dx = ?$

A)$\dfrac{7}{4}$ B)$\dfrac{11}{2}$ C)$\dfrac{13}{2}$ D)$\dfrac{17}{4}$ E) 6

16. $\int_{0}^{\pi/2} \sqrt{1 + \cos x}\ dx = ?$

A) 1   B) $\sqrt{2} + 1$ C) $\sqrt{3} - 1$ D) 2   E) $2\sqrt{2}$

17. $\int_{0}^{\pi/3} \dfrac{dx}{\cos^4 x} = ?$

A) $\sqrt{3} + 1$ B) $2\sqrt{3}$ C) $\sqrt{3} - 1$ D) $2\sqrt{3} + 1$ E) $2 + \sqrt{3}$

18. $\int_{0}^{1/\sqrt{8}} x \cdot \cos(\pi x^2)\ dx = ?$

A) $\dfrac{1}{2\pi}$ B) $\dfrac{1}{4}$ C) $\dfrac{1}{4\pi}$ D) $\dfrac{1}{6}$ E) $\dfrac{1}{8}$

19. $\int_{0}^{1} \dfrac{3x + 1}{\sqrt[3]{3x^2 + 2x + 3}}\ dx = ?$

A) $3 - \dfrac{3\sqrt[3]{9}}{4}$ B) $\dfrac{11}{2}$ C) 5   D) $\dfrac{7}{4}$ E) 1

Answers					
1. C	2. D	3. E	4. B	5. A	6. B
7. E	8. C	9. E	10. C	11. A	12. B

13. C	14. B	15. A	16. D	17. B	18. C
19. A					

Integral

Test 10

1. $\int x f(x)\, dx = x^3 + 3x^2 + 4x + 6 \Rightarrow f(x) = ?$

A) $3x + \dfrac{4}{x} + 6$ 　　 B) $3x^2 + 6x + 4$ 　　 C) $3x^2 + \dfrac{4}{x} + 2$

D) $x^2 + 3x + \dfrac{6}{x} + 4$ 　　 E) $6x + \dfrac{2}{x} + 3$

2. $f'(x) = 4x^3 + 6x^2 + 2x + 3$ ve $f(2) = 56 \Rightarrow f(x) = ?$

A) $x^4 + 3x^3 + x^2 + 3x - 8$ 　　 B) $x^4 + 2x^3 + x^2 + 3x + 14$

C) $x^4 + x^3 + 2x^2 - 17$ 　　 D) $x^4 + x^3 + x^2 + 3x + 16$

E) $x^4 + x^3 + 3x^2 + x - 16$

3. $f: R - \{3\} \rightarrow R - \{1\}$

$$f(x) = \frac{x - 3}{x - 4}$$

$$\int d(f^{-1}(x)) = ?$$

A) $4 + \ln|x - 1| + C$

B) $4x - \ln|x - 1| + C$

C) $4x + \ln|x - 1| + C$

D) $\dfrac{4x - 3}{x - 1} + C$

E) $\dfrac{-4x + 3}{x + 1} + C$

4. $\displaystyle\int [f(x)]^2 \cdot f'(x)\, dx = ?$

A) $\dfrac{1}{3}[f(x)]^3 + C$

B) $2f(x) + C$

C) $2\ln [f(x)]^2 + C$

D) $\dfrac{f(x)}{1 + f(x)} + C$

E) $\arctan [f(x)]^3 + C$

5. $F(x) = \displaystyle\int_0^{2x} \arctan\left(\frac{t}{3}\right) dt$

$$F'\left(\frac{3\sqrt{3}}{2}\right) = ?$$

A) $\dfrac{\pi}{3}$

B) $\dfrac{\pi}{2}$

C) $\dfrac{2\pi}{3}$

D) $\dfrac{\pi}{6}$

E) $\dfrac{3\pi}{4}$

6. $\int \dfrac{(x+1)}{x^2 + 2x + 2} \, dx = ?$

A) $\ln\left(x^2 + 2x + 2\right) + C$

B) $\dfrac{1}{2}\left(x^3 + x^2 + 2x\right) + C$

C) $x^4 + x^3 + 2x^2 + x + C$

D) $\dfrac{1}{2}\ln\left(x^2 + 2x + 2\right) + C$

E) $\arctan\left(x^2 + 2x + 2\right) + C$

7. $\int \dfrac{x}{2x - 1} \, dx = ?$

A) $\dfrac{1}{2}x^2 + \dfrac{1}{2}\ln|2x - 1| + C$

B) $\dfrac{1}{2}x + \dfrac{1}{2}\ln|2x - 1| + C$

C) $\dfrac{1}{2}x^3 + \dfrac{1}{4}\ln|2x - 1| + C$

D) $\dfrac{1}{2}x - \dfrac{1}{4}\ln|2x - 1| + C$

E) $\dfrac{1}{2}x + \dfrac{1}{4}\ln|2x - 1| + C$

8. $\int \dfrac{x^2 + 2x + 1}{x^2 + 1} \, dx = ?$

A) $2x + \arctan x + C$

B) $x + \ln\left(x^2 + 1\right) + C$

C) $x - \ln\left(x^2 + 1\right) + C$

D) $\dfrac{1}{2}x^2 + \ln\left(x^2 + 1\right) + C$

$E) \frac{1}{2}x + \ln(x^2 + 1)^2 + C$

9. $\int \dfrac{x\,dx}{(x^2 + 1)^2} = ?$

A) $\dfrac{x^2 + 1}{2} + C$ B) $\dfrac{-1}{2(x^2 + 1)} + C$ C) $\dfrac{1}{x^2 + 1} + C$

D) $\dfrac{1}{2(x^2 + 1)} + C$ E) $\dfrac{-1}{(x^2 + 1)^3} + C$

10. $\int \dfrac{2x^2 + 6x - 2}{x^2 + 2x - 2}\,dx = ?$

A) $2x - \ln |x^2 + 2x - 2| + C$ B) $x^2 + 4x - 8 + C$

C) $2x + \ln |x^2 + 2x - 2| + C$ D) $x - \ln |x^2 - 2x - 2| + C$

E) $2x + \dfrac{1}{2}\ln |x^2 + 2x - 2| + C$

11. $\int \dfrac{x^2 + 2x - 1}{3 - x}\,dx = ?$

A) $-\dfrac{1}{2}x^2 - 5x - 14\ln |3 - x| + C$ B) $\dfrac{1}{2}x^2 - 5x + 14\ln |x - 3| + C$

C) $-x^2 + 5x - 12\ln |x - 3| + C$ D) $\dfrac{1}{2}x^2 - 5x - 14\ln |3 - x| + C$

$E)\ 2x - 3x + 8\ln|3 - x| + C$

12. $\int x \cdot e^{-x^2}\, dx = ?$

$A)\ -e^{-x^2} + C$ $\qquad B)\ -\dfrac{1}{2}e^{-x^2} + C$ $\qquad C)\dfrac{1}{3}e^{-x^2} + C$

$D)\ e^{-x^2} + C$ $\qquad E)\dfrac{1}{2}e^{-x^2} + C$

13. $\int \dfrac{e^x\, dx}{1 + e^{2x}} = ?$

$A)\ e^x + C$ $\qquad B)\ln\left(1 + e^{2x}\right) + C$ $\qquad C)\arctan\left(e^x\right) + C$

$D)\arctan\left(e^{2x}\right) + C$ $\qquad E)\ e^{2x} + x + C$

14. $\int \dfrac{1 + e^{arctan\, x}}{1 + x^2}\, dx = ?$

$A)\arctan x + e^{arctan\, x} + C$ $\qquad B)\ x + e^{arctan\, x} + C$

$C)\ x + \arctan x + C$ $\qquad\qquad D)\ 2e^{arctan\, x} + C$

$E)\ x - e^{arctan\, x} + C$

15. $\int \dfrac{sec^2 x}{1 + \tan x}\, dx = ?$

A)ln (tan x) + C   B) ln▦$(1 + \tan x) + C$

C) $e^{1 + \tan x} + C$ D) $arctan$▦$(1 + \tan x) + C$

E)$\frac{1}{2}$ln $(1 - \tan x) + C$

16. $\int e^{\tan 2x} \cdot \sec^2 2x \, dx = ?$

A)$\frac{1}{2} e^{\tan 2x} + C$ B) $e^{\tan 2x} + C$ C) ln▦$(e^{\tan 2x}) + C$

D) $e^{\tan x} + C$ E)$\frac{1}{2} e^{\tan 2x} + x + C$

17. $\int \dfrac{\sin 3x}{4 + \cos^2 3x} \, dx = ?$

A)$\frac{1}{12}$arctan $(\cos^2 3x) + C$ B)$\frac{1}{6}$ln $(\cos 3x) + C$

C)$\frac{1}{6}$arccot $\left(\frac{1}{2}\cos 3x\right) + C$ D) $-\frac{1}{2}$arctan $(\cos 3x) + C$

E) $-\frac{1}{6}$arctan $\left(\frac{1}{2}\cos 2x\right) + C$

Answers					
1. A	2. B	3. D	4. A	5. C	6. D
7. E	8. B	9. B	10. C	11. A	12. B
13. C	14. A	15. B	16. A	17. E	

113

Printed in Great Britain
by Amazon